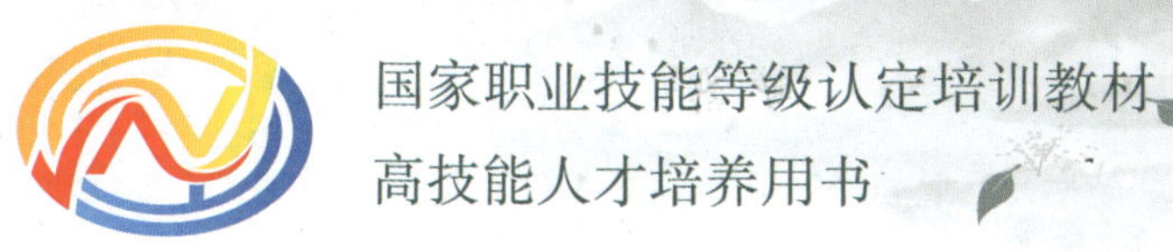

国家职业技能等级认定培训教材
高技能人才培养用书

茶 艺 师

（中 级）

国家职业技能等级认定培训教材编审委员会　组编

主　编◎周爱东　韩雨辰
副主编◎代　航　赵　颖　李　敏
顾　问◎于良子　朱　澄　周文棠
参　编◎周小燕　曹银庭　程　静　刘文静　陈燕冰
　　　　张　静　李樱怡　笪　霞

机 械 工 业 出 版 社

本书根据《国家职业技能标准　茶艺师》（2018 年版）编写，内容包括接待准备、茶艺服务、茶间服务 3 大板块，具体包括礼仪接待、茶室布置、茶艺配置、茶艺演示、茶品推介、商品销售等内容。本书配套多媒体资源，可通过封底“天工讲堂”刮刮卡获取。

本书既可作为各级职业技能等级认定培训机构的考前培训教材，又可作为读者考前的复习用书，还可作为职业技术院校、技工院校茶艺类专业的教材。

图书在版编目（CIP）数据

茶艺师：中级/周爱东，韩雨辰主编. —北京：机械工业出版社，2021. 11

（高技能人才培养用书）

国家职业技能等级认定培训教材

ISBN 978-7-111-69380-2

Ⅰ. ①茶…　Ⅱ. ①周…　②韩…　Ⅲ. ①茶艺-中国-职业技能-鉴定-教材　Ⅳ. ①TS971. 21

中国版本图书馆 CIP 数据核字（2021）第 211704 号

机械工业出版社（北京市百万庄大街 22 号　邮政编码 100037）

策划编辑：范琳娜　责任编辑：范琳娜

责任校对：王　欣　封面设计：刘术香等

责任印制：常天培

北京宝隆世纪印刷有限公司印刷

2022 年 1 月第 1 版第 1 次印刷

184mm×260mm · 8. 5 印张 · 177 千字

标准书号：ISBN 978-7-111-69380-2

定价：49. 80 元

电话服务	网络服务
客服电话：010-88361066	机　工　官　网：www. cmpbook. com
010-88379833	机　工　官　博：weibo. com/cmp1952
010-68326294	金　　书　　网：www. golden-book. com
封底无防伪标均为盗版	机工教育服务网：www. cmpedu. com

国家职业技能等级认定培训教材

编审委员会

序

新中国成立以来，技术工人队伍建设一直得到了党和政府的高度重视。20 世纪五六十年代，我们借鉴苏联经验建立了技能人才的“八级工”制，培养了一大批身怀绝技的“大师”与“大工匠”。“八级工”不仅待遇高，而且深受社会尊重，成为那个时代的骄傲，吸引与带动了一批批青年技能人才锲而不舍地钻研技术、攀登高峰。

进入新时期，高技能人才发展上升为兴企强国的国家战略。从 2003 年全国第一次人才工作会议，明确提出高技能人才是国家人才队伍的重要组成部分，到 2010 年颁布实施《国家中长期人才发展规划纲要（2010—2020 年）》，加快高技能人才队伍建设与发展成为举国的意志与战略之一。

习近平总书记强调，劳动者素质对一个国家、一个民族发展至关重要。技术工人队伍是支撑中国制造、中国创造的重要基础，对推动经济高质量发展具有重要作用。党的十八大以来，党中央、国务院健全技能人才培养、使用、评价、激励制度，大力发展技工教育，大规模开展职业技能培训，加快培养大批高素质劳动者和技术技能人才，使更多社会需要的技能人才、大国工匠不断涌现，推动形成了广大劳动者学习技能、报效国家的浓厚氛围。

2019 年国务院办公厅印发了《职业技能提升行动方案（2019—2021 年）》，目标任务是 2019 年至 2021 年，持续开展职业技能提升行动，提高培训针对性实效性，全面提升劳动者职业技能水平和就业创业能力。三年共开展各类补贴性职业技能培训 5000 万人次以上，其中 2019 年培训 1500 万人次以上；经过努力，到 2021 年底技能劳动者占就业人员总量的比例达到 25%以上，高技能人才占技能劳动者的比例达到 30%以上。

目前，我国技术工人（技能劳动者）已超过 2 亿人，其中高技能人才超过 5000 万人，在全面建成小康社会、新兴战略产业不断发展的今天，建设高技能人才队伍的任务十分重要。

机械工业出版社一直致力于技能人才培训用书的出版，先后出版了一系列具有行业影响力，深受企业、读者欢迎的教材。欣闻配合新的《国家职业技能标准》又编写了“国家职业技能等级认定培训教材”。这套教材由全国各地技能培训和考评专家编写，具有权威性和代表性；将理论与技能有机结合，并紧紧围绕《国家职业技能标准》的知识要求和技能要求编写，实用性、针对性强，既有必备的理论知识和技能知识，又有考核鉴定的理论和技能题库及答案；而且这套教材根据需要为部分教材配备了二维码，扫描书中的二维码便可观看相应资源；这套教材还配合天工讲堂开设了在线课程、在线题库，配套齐全，编排科学，便于培训和检测。

这套教材的出版非常及时，为培养技能型人才做了一件大好事，我相信这套教材一定会为我国培养更多更好的高素质技术技能型人才做出贡献！

中华全国总工会副主席

高凤林

前　言

中国茶艺研究可以上溯到唐代，唐代陆羽著《茶经》十篇从源、具、造、器、煮、饮、事、出、略、图十个方面对茶文化知识进行了系统整理，其后历经宋、元、明、清、中华民国，诸多文人雅士乃至帝王加入到茶文化的研究中来，名家辈出，成果丰硕。

现代茶叶专家胡浩川 1940 年已经使用“茶艺”一词。现代茶文化的系统整理始于我国台湾，20 世纪 50 年代当地的茶人与学者为区别于日本的茶道，开始研究、复兴中国的茶文化，提出了茶艺的概念，20 世纪 70 年代中期台湾的茶艺开始传入大陆，从那时起海峡两岸掀起了一股茶文化的潮流，到今天，茶文化已经成为全国性的时尚文化并且影响着全球的饮茶生活。20 世纪 90 年代浙江、上海等地率先开展茶艺师的培训及职业技能鉴定，进而“茶艺师”被正式列入《中华人民共和国职业分类大典》，如今全国各地茶艺师的培训及职业教育方兴未艾，各个等级的茶艺比赛如火如荼。

中级茶艺师应能够掌握基本的行业从业要求，具备基本的茶艺服务能力，包括茶艺服务前的准备；茶艺技术方面要基本掌握各类型茶叶的冲泡程序与方法；对于茶具、茶叶的相关知识也要有更深入的了解；茶间服务要更加周到。

为此，我们邀请了很多资深的茶艺老师来承担写作任务。其中，接待准备部分主要由周小燕、赵颖、韩雨辰三位老师撰写；茶艺服务部分主要由李敏、程静、代航、曹银庭、刘文静、陈燕冰六位老师共同完成；茶间服务部分主要由周爱东、赵颖、代航、韩雨辰四位老师共同完成。另外，吉利学院的杨岳老师及该系列教材的其他老师也提供了宝贵意见。张静、李樱怡、笪霞三位老师参与了书稿的整理工作。参与编写书籍的老师们来自北京、天津、内蒙古、江苏、四川、重庆、广东、福建、贵州、陕西等地，从内容的普适性来说，基本可以满足我国各个地区茶艺教学的需要。

本书在编写过程中得到了国家职业技能等级认定培训教材编审委员会、扬州大学、四川省成都市财贸职业高级中学校、重庆商务学院、重庆信睦文化传媒有限公司、重庆航天职业技术学院、广东瀚文书业有限公司、山东瀚德圣文化发展有限公司等组织单位的大力支持与协助。书中的视频拍摄得到了北京二商京华茶叶有限公司、北京茶叶博物馆的鼎力支持，部分图片拍摄得到了中茶生活（北京）茶叶有限公司的鼎力支持。在此一并表示衷心的感谢！

编　者

作者简介

主编

周爱东，扬州大学教师，从事茶文化与茶艺教学 22 年，国家一级茶艺技师、国家二级评茶技师、茶艺师高级考评员。江苏省茶文化讲师团成员，扬州市作家协会成员、扬州市休闲商会理事、扬州市茶文化艺术协会副会长，多次担任省市级茶艺大赛裁判。在机械工业出版社出版的“国家职业技能等级认定培训教材”中担任编审委员会委员。出版的相关教材及专著有《茶艺赏析》《茶馆经营管理实务》《扬州饮食史话》，并在相关期刊上发表过多篇论文。

韩雨辰，医学营养硕士，茶艺技师、注册营养技师、健康管理师。现为高职院校专任教师，习茶十余年，赴全国各地学茶制茶习茶。译著有《5 分钟马克杯蛋糕》，参编《面点工艺学》《西点制作教程》。

副主编

代航，毕业于电子科技大学，多年潜心于禅茶的习茶制茶、教学办学。“日日是好日”茶系列产品技术研发总指导，“普茶学院”执行院长、普茶导师，茶艺师、评茶师、茶学研究者，致力于禅茶文化推广，以及川地优良茶树种发掘、保护，川茶的研发、制作和川茶文化推广。

赵颖，毕业于中央司法警官学院，2017 年成立成都“日日是好日”文化传播有限公司，致力于茶及茶文化相关的人文体验式生活方式的践行与推广，2020 年打造“则一处·中华清饮茶”品牌。

李敏，重庆市茶艺技能大师，重庆国际茶文化研究会党支部书记兼副会长，中国茶叶流通协会茶文化教育教师工作委员会委员，茶艺师高级考评员，评茶员高级考评员，国家一级茶艺技师，高级评茶员。

目　录

项目 1 接待准备

项目 2 茶艺服务

项目 3 茶间服务

说明

文中的泡茶视频，只保留了最主要的流程和道具，和文字并不完全一致，特此说明。

项目 1

接待准备

接待准备
礼仪接待
接待礼仪及技巧
不同地区宾客接待
不同民族宾客接待
不同宗教信仰宾客接待
不同性别、年龄宾客接待
茶室布置
茶室空间布置的基本知识
器物配放基本知识
茶具与茶叶搭配知识
商品陈列原则与方法

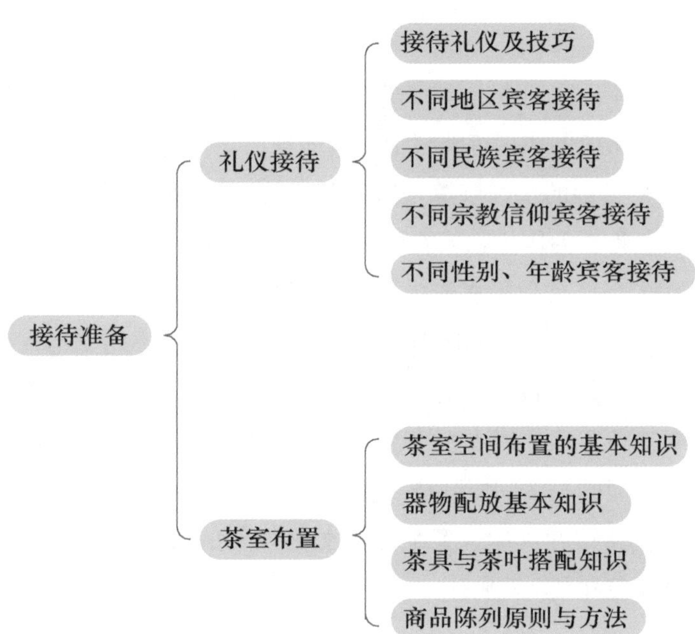

1.1 礼仪接待

随着我国经济、社会的发展及文明程度的不断提高，人们意识到礼仪在生活和工作中的重要作用。茶馆一直是中国人生活休闲的重要场所，在弘扬中国传统的茶文化、促进茶叶的消费、提高社会休闲生活的品质等方面发挥了积极作用。为了最大限度地满足宾客的需求，提供优质服务，需要在茶艺各个环节的服务中具体落实接待礼仪及服务技巧。

1.1.1 接待礼仪及技巧

1. 接待礼仪特点

茶馆接待礼仪主要体现在迎来送往的方式上。与其他饮食场所不同的是，茶馆的文化氛围与民俗氛围更浓厚，相应的在接待礼仪上也要体现出这样的特点。

（1）文雅　饮茶是清雅的事，茶馆是雅致的地方。因此，茶馆接待礼仪也必须是文雅的，具体体现在用词典雅、动作优雅、表情温和含蓄。

（2）得体　茶馆的风格类型很多，中式的有民俗型、文艺型、豪华型、现代型，另外还有英国风格、日本风格等。不同风格类型的茶馆对应的礼仪不同，不宜乱用。

（3）热情　恰当的热情可以让顾客感受到店家的善意。不同茶馆的热情度是需要区分的，民俗型的通常要让顾客感受到浓浓的人情味，比如三道茶、蒙古奶茶等，载歌载舞地为顾客献茶；其他文化类型的茶馆则要矜持一些。

（4）周到　周到的接待礼仪体现了茶馆的文化与人情味。在迎送顾客的每一个细节都为顾客考虑，这样更显得礼仪的真诚。

2. 接待过程

（1）迎宾　茶馆的服务员或茶艺师在门口等候顾客。如果是预约顾客，茶艺师应稍早于约定时间在门口迎宾。如果是普通接待，茶馆的工作人员在发现有顾客进店时要主动上前迎候，给顾客安排座位。

（2）问询　询问顾客的消费需求，包括人数、消费类型，是以饮茶为主，还是茶餐，是否需要表演等。

（3）点单　顾客入座前，主动为其拉开椅子，将茶单交与顾客，如果有托盘，应将茶单放在托盘上，如果没有托盘，应该双手把茶单递给顾客。适时地介绍茶叶（包括名称、产地、价格等），并推荐本店的特色茶饮。在顾客看茶单时，奉上赠送的小茶点。在点单结束后，尽快奉上所点茶饮及食品。也可以取来茶叶样品展示，由顾客自行选定。注意听清并记录顾客提出的各项具体要求，必要时复述一遍，以免出现差错。耐心解答顾客有关茶品、茶点、茶肴及服务、设施等方面的询问。当顾客对饮用什么茶或选用什么茶食拿不定主意时，可热情礼貌地推荐。

（4）泡茶　事先准备好茶叶、茶具、水，按服务规范安排好茶席为顾客泡茶。在正式冲泡前，用简明的语言介绍茶品特点及品饮注意事项。正式冲泡时不要讲话，以免口水喷到茶具上。冲泡一次后，如顾客不要求，茶艺师就可以退下，但要随时留意顾客的呼叫。如需上茶食、茶点，事先应上筷子、调料等配套用品，并适当介绍。

（5）结账　顾客消费结束示意结账时，茶艺师用托盘将账单送给顾客，注意不要当着顾客的面说出消费金额。顾客付费后，如果有找零，茶艺师仍需用托盘送给顾客。

（6）送客　提醒顾客带齐随身物品，然后将顾客送到茶馆门口。如果有顾客需要叫车，茶艺师应主动帮忙。

在服务过程中，茶艺师不要主动打听顾客的姓名、职业和其他隐私，也不要留意顾客的私下交谈。当顾客询问茶馆的各种产品时，应该如实介绍，不刻意向顾客推销茶品。

3. 服务技巧

服务技巧首先取决于服务意识，有服务意识就有把事情做好的愿望；其次服务技巧与服务能力相关，服务能力与技能熟练程度有关，经过训练，大多数人都是可以掌握的。

（1）托盘技能　托盘是茶馆中使用较多的工具，奉茶、奉茶点、递送账单都要用托盘。托盘在使用时，可以双手捧，也可以单手托。无论哪种托盘姿势，都以平稳安全为第一要求。

（2）服务手势　为顾客上茶上点心时，不可以用手接触杯口或是盘碗中的食物。在工作前后也不可以用有气味的洗手液。

（3）斟水动作　北方的茶馆过去用凤凰三点头的动作向顾客表示欢迎，这个动作在今天的茶艺中也保留了下来。在斟水时注意不要把水溅出来。普通的斟水也同样要注意不能使水溢出来。斟茶过满，顾客无法端杯，所以过去有茶满欺客之说。

4. 说话态度

茶艺师可以用关切的问询、征求的态度、提问的方式和有针对性的回答来与顾客沟通并加深理解，有效地提高茶馆的服务质量。

（1）尊重对方　用真诚的态度和表情去问候顾客，给顾客足够的表达时间，并且记住顾客的要求。

（2）接受对方　茶艺师可以用自己的专业知识给顾客建议，但不要有好为人师的做法。要体谅和尊重顾客的想法，给予充分的包容。

（3）赞美对方　发现顾客的闪光点，真诚而具体地赞美对方。赞美要得体，不要夸张，夸张显得不真诚；空洞的赞美也显得不真诚。

5. 问询方式

（1）语气委婉恭敬　问询顾客的需求时，要热情、真诚、耐心。措辞要简洁、专业、文雅。把握好语气、语音，语调热情、谦逊、亲和。“我能理解您这样的感受”（平息不满情绪）、“我会……”“我一定会……”（表达服务意愿）、“您可以……吗”（提出要求）、“您可以……”（来代替说“不”）。在与顾客交流时要尽可能使用敬语，它具有体现礼貌和提供服务的双重特性，是茶艺服务人员用来向宾客表达意愿、交流思想感情和沟通信息的重要交际工具，也是茶艺服务人员完成各项接待工作的重要手段。

（2）注意语速语调　说话不仅是在交流信息，同时也是在交流感情，所以，许多复杂的情感往往通过不同的语调和语速表达出来，明快、爽朗的语调会使人感到大方的气质和直率的性格，而声音尖锐刺耳或语速过快，会使人感到有急躁、不耐烦的情绪。

（3）封闭式询问　是指提出答案有唯一性、范围较小、有限制的问题，对回答的内容有一定限制。比如问客人：“您需要什么茶?”客人很可能会提出一款茶馆没有的茶。应该说：“我们有绿杨春、西湖龙井、碧螺春、正山小种，您需要哪一款?”给对方一个框架，让对方在可选的几个答案中进行选择。

1.1.2　不同地区宾客接待

“千里不同风，百里不同俗”，我国幅员辽阔，人口众多，由于所处地理环境和历史文化的不同，以及生活风俗的各异，使不同区域的饮茶习惯不同。不同国家的风俗习惯差异更大，欧美、东亚、西亚及非洲，文化不同，个性差异也大，因此在接待时应该有不同的礼仪。

1. 国内不同区域宾客的接待

1）江南地区是中国主要的绿茶产区，虽然也有红茶、黄茶等出产，但人们在饮茶口味上偏爱绿茶。茶艺师服务时，应以玻璃杯为主，便于欣赏茶叶与茶汤。

2）北方地区爱喝花茶。这与北方的水质有关。北京、天津一带是花茶的主要消费地区，所饮以茉莉花茶为多。除了常见的窨花茶，还有各种工艺花茶。茶艺师可提供盖碗或紫砂壶来服务。

3）广东、福建、台湾等地爱喝乌龙茶。这一带也是中国现代茶艺的发源地，饮茶风气很深厚。在闽南及广东的潮州、汕头一带，几乎家家户户、男女老少都钟情于用紫砂壶冲泡乌龙，小茶杯细细啜饮。接待东南地区的人，茶艺师可以冲泡乌龙茶，使用与之配套的茶具，诸如风炉、烧水壶、茶壶、茶杯，谓之“烹茶四宝”。泡茶用水应选择甘洌的山泉水，而且必须做到沸水现冲，经温壶、置茶、冲泡、斟茶入杯，便可请宾客品饮。

4）西南地区是黑茶的主要产区，不论是产茯砖的湖南，还是产普洱的云南、产六堡茶的广西，当地人饮用较多的还是绿茶。近些年，由于黑茶与红茶的流行，这一区域饮用黑茶的人也多起来。我国西南地区的一些大、中城市，有喝盖碗茶的习俗，尤其在四川最为流行。盖碗茶盛于清代，如今，在四川成都、云南昆明等地，已成为当地茶楼、茶馆等饮茶场所的一种传统饮茶方法，茶艺师服务时，可采用这种方法。

2. 国外不同区域宾客的接待

（1）日本　日本茶道及日常饮茶所用茶叶多为蒸青绿茶，近些年来受中国茶文化的影响，乌龙茶、红茶、普洱茶和黑茶也逐渐受到关注。茶艺师接待日本宾客时，要特别注重礼仪，提供规范的泡茶服务。

（2）韩国　近几十年来韩国在复兴传统文化，茶礼受到人们的重视，韩国的茶人们参考日本茶道与中国的茶艺，对韩国的茶礼进行了整合，形成了自己的风格。接待韩国宾客时，要注重提供符合饮茶礼法的服务。

（3）英国　英国人有300年饮红茶历史，热爱红茶的程度世界知名，尤其偏爱调饮红茶。茶艺师服务时要提供牛奶、糖、柠檬片等。

（4）俄国　由于俄国人好喝甜茶，喜欢在红茶中添加果酱，所以茶艺师应提供糖、柠檬片、牛奶、果酱或蜂蜜等。

（5）印度　印度人喜欢喝加糖的红茶，饮茶量排名世界前列。茶艺师向印度宾客奉茶时，不要用左手，也不要用双手，而要用右手提供服务。

（6）摩洛哥　摩洛哥人特别喜欢喝茶，中国的高档绿茶尤其是他们偏好的茶饮。茶艺师服务时要提供白糖、薄荷叶等。

（7）土耳其　接待土耳其宾客，可以根据他们喜欢饮加白糖的薄荷茶的习惯，为其准备茶饮。

（8）巴基斯坦　巴基斯坦宾客喜欢喝绿茶，并且饮绿茶时，需多配白糖，并加几粒小豆蔻，以增加清凉味，但不加薄荷。茶叶可以用沸水冲泡，也可以用烹煮法。

1.1.3　不同民族宾客接待

1. 汉族

汉族人饮茶以清饮为主，南方的绿茶、北方的花茶、福建的乌龙茶、西南的普洱茶都是如此。所谓清饮，就是茶汤中不添加任何食材。当宾客杯中茶汤只余1/3时，茶艺师应及时续水，3次之后，应询问是否需换新茶。

2. 藏族

藏族人喝茶有清饮、奶茶等，以酥油茶最为普遍。喝第一杯时留下一些，当喝过三杯后，把再次添满的茶汤一饮而尽，就表明不再喝了，这时就不要再添茶了。

3. 蒙古族

蒙古族人以饮用咸奶茶为主，多用青砖茶与黑砖茶来煮制。接待蒙古族宾客时，要特别注意敬茶时应用左手，宾客用双手或右手去接。如果宾客将手伸平，在杯口上盖一下，这表明不再喝茶，茶艺师可停止斟茶。

4. 维吾尔族

维吾尔族人“宁可一日无米，不可一日无茶”。茶艺师在为维吾尔族宾客服务时，尽量当着宾客的面冲洗杯子，以示清洁。另外，端茶时要用双手。

5. 彝族

茶艺师为彝族宾客服务时，每次斟茶只斟浅浅半杯即可。

1.1.4 不同宗教信仰宾客接待

宗教信仰是很严肃的问题，在接待这类宾客的时候，最基本的一点就是不要主动与宾客谈信仰问题，如果宾客主动谈起，茶艺师要多倾听，少提问，更不要就信仰问题与宾客发生争辩，尊重各民族的宗教信仰。如为信仰佛教的宾客服务，一般可行合十礼，可以问法号，不能问僧尼尊姓大名，也不可主动与僧尼握手。在为信仰道教的宾客准备茶饮及食物时，可以先问一下对方有何禁忌。

1.1.5 不同性别、年龄宾客接待

1. 不同性别

女性大多脾胃较弱，不宜饮用浓茶及刚生产出来的新茶。普洱生茶近些年来比较流行，但也有很多女性喝了以后会觉得不适应。所以茶艺师要推荐偏清淡的茶饮。男性宾客口味较重，可以推荐风味浓郁的茶品，生普与新茶适合大多数男性。

2. 不同年龄

老人的茶及食物也以清淡为宜，不宜推荐奶茶、果茶、甜点及其他油腻的食物。年轻人去茶馆的越来越多，主要有三类情况：一是情侣约会；二是朋友聚会；三是在茶馆办公或学习，要具体问题具体分析，用不同的项目来服务宾客。

1.2 茶室布置

1.2.1 茶室空间布置的基本知识

1. 空间布局

1）茶室的公共空间按功能可划分为饮茶区、表演区、展示区、操作区。

① 不同的人喜欢在不同的环境里饮茶，因此，条件允许的情况下，可以将饮茶区分为茶室、茶亭、茶廊等功能区。顾客可以根据自身喜好和需要自由选择品茶区饮茶并感受茶室

的文化意蕴。茶室的功能设计要科学、合理，保证顾客能有一个安静、私密的饮茶环境。

② 表演区用来进行琴筝、说书、茶艺等表演，表演者可以是茶室的工作人员，也可以是顾客，这部分是茶室的才艺展示空间。

③ 展示区是茶馆的茶具、食品及相关艺术品的陈列区。这里的展品既体现了茶馆的饮食产品的品质，也展示了茶馆的艺术品味。

④ 操作区是茶馆工作人员制备茶饮与食品的空间，也可供顾客与泡茶者之间体验交流。

2）在茶室的空间布局上，要充分考虑茶空间风格定位、顾客的喜好及茶室功能的合理区域划分。现代茶室空间设计风格，普遍遵循传统茶文化与现代时尚需求相融合的原则，既遵循古人自然和谐、天人合一的思想，又在布局设计中强调空间功能的丰富性与现代性。

空间布局不但要满足饮茶者的基本需求，还要创造条件满足其精神需求。空间布局是能够体现出茶空间设计文化内涵的。根据目的性及功能性的不同，在空间布局中要先确定主题风格。在风格的确定上，既要满足传统茶文化的核心思想又要顺应时代的发展。

品茶场所的空间布局，可根据空间布置面积大小进行相宜布置。大型空间可以根据层次的不同、面积的大小，设置不同类型的茶座。大厅茶座以接待散客为主，两边布置一些卡座，也可以布置若干容量、风格不等的包间、雅室，亦可根据业务需要设置一两个适宜接待单位、团体顾客的品茶场所。中型茶馆设置大厅相对略小，各种设施、分隔与大型茶馆类似，相对而言，茶座、包房、雅室、微座的数量较大型茶馆少。小型茶馆由于经营场所比较小，一般不设表演台和大厅，可以有一定的分隔，布置相对安静的茶座，以接待两人、四人一组的为宜，条件允许的可设置一两个10人的茶座。

2. 装饰布置

近年来，茶室空间的装饰布置，在整个茶室空间中的意义越来越突出。对于饮茶者来讲，舒适的茶室空间，既能满足饮茶者对饮茶环境不同品味的要求，又能满足其内心对茶文化内涵的精神需求。

大多数茶空间的装修风格多有雷同，所以装饰布置更能体现和区分茶室空间的文化内涵。一个完整的茶室空间除了具备功能性布置以外，更需要茶文化内涵元素的构成。对于小型茶室而言，整体的甚至细小的装饰布置如果能体现出茶室主人对茶、器具、茶文化的理解和执着，能让空间更有温度，而规避趋同性。

1）功能元素布置，包括茶桌、凳、吧台、舞台等，这些元素是茶馆经营中必须用到的。在风格选择上，应符合茶馆的文化定位。如果是传统中式风格的茶馆，那么桌凳的风格就以传统中式家具为主；如果茶馆经营用了日式的元素，那么家具就以极简的风格为主，不一定用蒲团矮桌，但一定是线条简洁的。

茶馆的布置不能只顾经营者的爱好，也要考虑到顾客的感受。凳子让空间看起来比较宽敞，但在窄硬的凳面上坐久了，有腰背酸痛、不舒服的感觉。有靠背的椅子，可减轻背部的压力。沙发在舒适度上大大优于凳子与椅子，但是占地面积太大，不适合小空间的茶馆。

2）装饰元素布置，包括绿植、插花、挂画、艺术品等。这些元素是茶馆的点睛之处。绿植宜选择常绿的，容易打理，不宜选有气味的，以免影响茶香。插花通常选素色，不宜选用多种花色的插花。挂画与茶馆风格相配，民国风的茶馆可挂油画；仿古风格的可选择相应朝代的画；现代风格的茶馆可挂抽象画。艺术品的摆放与挂画一样。

1.2.2 器物配放基本知识

1. 茶具的摆放

茶具是茶馆中最常见的器物，在摆放时有两种类型：一是陈列型，一是收纳型。

常见的陈列是将茶具一只一只地放在陈列架上。陈列架中最常见的是博古架，也称多宝阁。陈列时，并不是将所有的茶具全部上架，而是将比较贵重的茶具放在上面，如茶壶、盖碗。陈列架上的茶具都是可以在经营中使用的，也可以出售。还可以采用另一种陈列方式，把一场茶事中所用的茶具按实际使用情况组合在一起。这种方式陈列时，不一定用多宝阁，而是将茶具陈列设计成一个场景、一个橱窗。这样，当顾客看到这些茶具的时候，就会想象这些茶具在自己家里如何摆放，并进而产生消费欲望。这样的陈列其实就是一个个茶席的设计图。

收纳型摆放最为简单，将茶具放置在茶具架上，而这样的茶具架可以是放在仓库里的，也可以放在半开放的操作间里。茶具按类别摆放，这样在使用的时候方便查找。

2. 装饰品的摆放

茶空间的装饰品也分几类，不同类型的装饰品需要放在各自合适的位置。

（1）祈福型装饰品　主要是财神、招财猫等，祈求生意兴隆。一般会安放在收银台附近，也有茶馆会专门设一个位置来安放。

（2）主题类装饰品　这类饰品与茶空间的主题设计有关，通常安放在醒目的位置，比如玄关处，顾客一进门就能看见，点明茶空间的风格或文化类型。

（3）趣味型装饰品　这类饰品与茶空间的主题关系不大，但是能增加空间的趣味感。比如书画小品、小型的雕塑等。这类饰品经常用来作为墙面装饰，称为补壁。安放的时候要注意疏密得当，高度以适合观赏为宜。

（4）空间型装饰品　这类饰品主要用来区隔空间，比如屏风、门帘、绿植等。屏风可以起到隔断和背景的作用。但由于屏风在风格上的局限性，很多茶馆中已经不再单一使用屏风了，一些现代茶室用挂画、布帘、珠帘、竹帘等代替屏风。

1.2.3 茶具与茶叶搭配知识

1. 茶具色彩与茶叶的搭配

茶具的色彩有很多种，在搭配时需要从适宜观赏茶汤的角度出发。

（1）青色茶具　主要是瓷器，也有玻璃茶具。颜色如影青、梅子青、天青、粉青之类的茶具，适宜搭配绿茶，会使茶汤看起来嫩绿清新，如果搭配红茶，则茶汤会显黑。青绿色玻璃茶具以淡色为好，如果颜色较深，则看到的都是茶具的颜色。由于玻璃透光，所以近距离的环境颜色也会影响茶汤颜色。

（2）白色茶具　纯白的茶具搭配各种茶都可以，有利于观赏到茶汤的本色，因此适合茶汤漂亮的茶；白中微带黄的茶具比较适合于红茶与乌龙茶，可使茶汤更加艳丽；无色的玻璃茶具在使用时适合汤色艳丽或清丽的，如绿茶、红茶、花果茶等。

（3）青黑色或紫砂类的茶具　无法观赏茶汤，适合于普洱茶、砖茶等茶汤色泽较深的茶叶。在点茶中，青黑色茶具的使用有助于观赏茶汤上的白色泡沫。

（4）金色的茶具　现在很多人爱用。这类茶具对于绿茶来说没有美化的作用，完全看不出绿茶的汤色风韵。对于其他的茶，金色茶具会使茶汤显得璀璨夺目，但也都不是茶汤原本的颜色。

2. 茶具材质与茶叶的搭配

1）紫砂茶具（图 1-1）在使用时易于保温，还会吸附茶叶的香、味。从使用的角度来说，紫砂茶具适合于所有茶叶。但是从顾客的角度来说，由于不够专业，在使用紫砂茶具时，对于使用手法与注意事项不熟悉，如果冲泡绿茶的话，容易使茶汤有闷熟味。因此，在推荐给顾客使用时，紫砂茶具更适合与质地较老的耐泡的茶叶搭配，如乌龙茶、普洱茶等。

2）瓷器茶具（图 1-2）比紫砂茶具易散热，也不会吸附茶的气味。使用时各种茶均可搭配。如果冲泡乌龙茶、红茶之类易出味的茶叶，可选用大口短流的盖碗或茶壶。如果是顾客使用，盖碗容易烫到手，壶更合适。

图 1-1　紫砂茶具

图 1-2　瓷器茶具

3）粗陶茶具使用时更方便保温，从文化风格上，这类茶具与普洱茶、砖茶等比较匹配。

4）玻璃茶具（图 1-3）适合观赏茶叶茶汤，适合于汤、叶均完美的绿茶。如果用来冲泡乌龙茶或是黑茶，则完全没有美感。仅仅是品茗杯的话，玻璃或琉璃茶杯适合除绿茶以外的各色茶叶，汤色在杯中会透出琥珀的质感与水晶的光泽。

图 1-3　玻璃茶具

5）金属茶具中的金银茶具在使用中不会对茶叶的风味产生坏的影响，反而会因材质的高贵而给人带来味觉上的品质感，这虽然是一种错觉，但对欣赏茶汤来说也是一种益处。铁器的茶具在煮水时会产生金属味，进而影响茶汤的汤色与滋味。

1.2.4　商品陈列原则与方法

商品陈列是指运用一定的技术和方法摆放、展示商品，创造理想购物空间。商品陈列的主要目的是展示商品，突出重点，反映特色，提高顾客对商品的了解、记忆和信赖程度，从而做出购买决定和行动。

1. 茶叶与茶食陈列原则

（1）先进先出原则　茶叶也是食品，食品都是有保质期的，所以要尽可能把先到的茶叶优先上架。当然需要低温保存的茶叶与食品应该放在冷藏柜里。

（2）分类陈列原则　按照商品品牌、类别、性能、规格，一品一签，朝外码放。

（3）重点推荐原则　茶室重点推荐的茶叶与茶食要放在醒目的位置，补充型或衬托型的品种要放在边上。

（4）面面俱到原则　所有商品正面朝外，价格放在商品的左下方。

（5）关联陈列原则　考虑季节性、节日节气、商品关联来组合陈列。

（6）安全卫生原则　要经常打扫陈列架，不能有灰或蛛网，更不可有蟑螂。在陈列架上，所有的茶叶、茶食均需密封完好，如发现有破损，要即刻下架。茶叶及食品要陈列在干燥无异味的场所。

2. 茶具陈列原则

（1）价格高低同列原则　并不是上陈列架的都是贵的。茶具价格高的低的都有人喜欢，放在一起陈列，明码标价，让顾客一目了然，根据自己的经济能力与喜好来选购。

（2）安全原则　价格不太高的茶具可让顾客触碰；价格高的茶具，要放在有门的柜子里，顾客可以隔玻璃观看，如需要触摸，可以联系工作人员。

（3）专柜陈列原则　茶馆的老客经常会把茶具留在店中，以后每次来都用自己的茶具，对这类顾客，要专门留一个空间来放置茶具。

（4）品种多样原则　陈列架上的品种要丰富，要有不同材质的茶具，同一材质也需要有不同款式的。这样看起来色彩丰富、款式众多，有琳琅满目的感觉。

（5）重点推荐原则　每个茶空间在经营的时候，都会有自己的主打产品。这类产品应该放置在醒目的位置，并附上产品说明。

3. 商品陈列方法

（1）样品陈列　对于茶叶，尤其是绿茶，暴露在空气或光线中会加快茶叶品质的下降，其他的茶食暴露在空气中也会影响风味口感。所以在陈列时可以采用样品陈列，放少量的样品供顾客观赏，如果购买，则取包装完好的商品。

（2）主题陈列　茶具的款式非常多，茶空间可以采用主题陈列的方法，如紫砂壶主题、琉璃器主题、仿古瓷主题、大师作品主题、日本茶具主题，把陈列做成一个个小型的展览，也是对茶具知识的宣传。

（3）针对宾客的陈列　根据不同宾客的实际需求，选配不同的茶叶和茶器。具体来讲，不同场合不同目的不同形式宴请的宾客，适宜不同的茶叶和茶具。茶具因人而异，独自饮茶的人往往对茶具的品质要求比较高；年长者，可用紫砂茶具；年轻人，可用玻璃或白瓷茶具；女士可用青瓷或薄胎瓷茶具。

（4）分室陈列　一个茶馆往往会有比较多的空间陈列茶具。可以在每个包间陈列几款茶具与茶食，顾客在这些包间消费时可以取用。陈列的目的有两个：一是装饰，二是销售，后一个目的是主要的。

技能训练　不同茶叶与茶具的搭配

1. 材料准备

六大茶类各准备两种典型品种：绿茶（龙井、碧螺春），红茶（滇红、祁门红茶），乌龙茶（铁观音、大红袍），黄茶（蒙顶黄芽、黄大茶），白茶（寿眉、白牡丹），黑茶（茯砖茶、安化黑茶）。

2. 器具准备

1）煮水器具：随手泡、陶火炉。

2）泡茶器具：茶壶、盖碗、玻璃杯、茶罐、茶则、茶荷、茶匙、茶夹、茶针、茶筒、茶漏。

3）饮茶器具：公道杯、闻香杯、品茗杯、壶承、杯托。

4）洁净器具：茶盘、水注、水方、水盂、茶巾、盖置、养壶笔。

3. 训练步骤

1）依次选取一款茶叶。

2）选择该茶叶适宜的茶具进行搭配，并模拟摆放。

3）填写茶叶与茶具的搭配训练表（见表1-1）。

表1-1　茶叶与茶具的搭配训练表

茶叶	煮水器具	泡茶器具	饮茶器具	洁净器具
龙井				
碧螺春				
滇红				
祁门红茶				
铁观音				
大红袍				
蒙顶黄芽				
黄大茶				
寿眉				
白牡丹				
茯砖茶				
安化黑茶				

复习思考题

1. 茶艺接待有何礼仪与技巧？
2. 茶艺师接待不同国家宾客要注意哪些事项？
3. 茶空间布局有哪些基本要求？
4. 茶空间器物配置有哪些要求？
5. 茶具与茶叶如何搭配？
6. 茶叶、茶食、茶具的陈列原则有哪些？

项目 2

茶艺服务

茶艺服务
茶艺配置
中国主要名茶知识
新茶、陈茶的特点与识别方法
茶叶品质与等级
常用茶具质量识别
茶艺冲泡台的布置
茶艺演示
茶艺冲泡的要素
几大茶类冲泡实例
泡茶用水水质要求
调饮红茶的制作方法
不同类型的生活茶艺

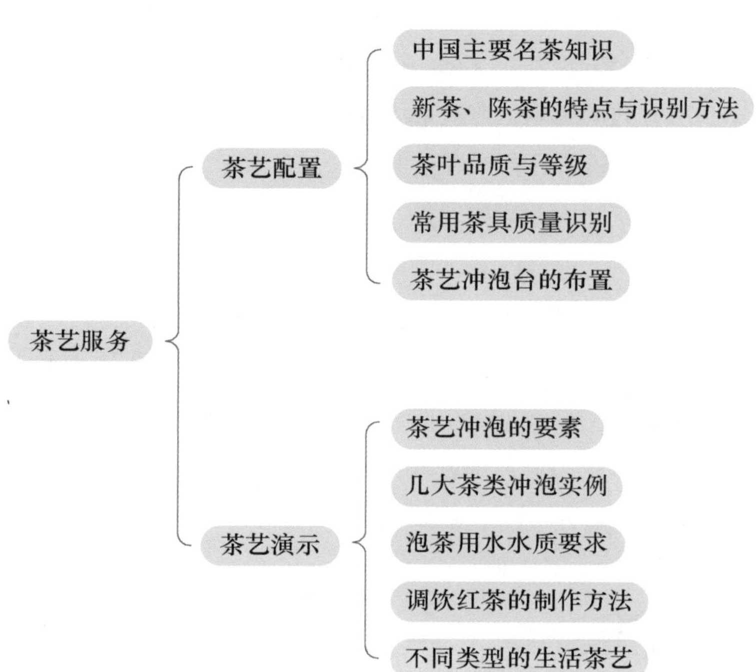

2.1 茶艺配置

2.1.1 中国主要名茶知识

茶叶按加工方法及品质特点分为六大茶类，分别是绿茶、黄茶、白茶、乌龙茶（青茶）、红茶、黑茶。其工艺区别是：绿茶类是不发酵的；黄茶在绿茶的基础上多了闷黄的工艺；白茶采用不炒不揉的生晒工艺，有轻微发酵；乌龙茶是半发酵茶类，特点是绿叶红镶边；红茶是全发酵茶类，茶叶全红；黑茶是后发酵茶叶，渥堆是黑茶的特色工艺，黑茶耐贮存，在陈化过程中风味会产生较大的变化。在饮用方法上，原来有各自的特点，煮饮、调饮等，但现在受绿茶消费方式的影响，普遍采用清饮的方式。这种改变，使得六大茶类在品质评价上普遍参考了绿茶的标准，比如对春茶的追求、对嫩度的追求。六大茶类在各自的发展过程中都涌现出一批著名茶品，分述如下。

1. 绿茶类名茶

（1）西湖龙井（图 2-1 和图 2-2） 明代西湖龙井已成全国性名茶，到清代更为世人推崇。乾隆皇帝曾 4 次到杭州，品尝龙井，写下多首茶诗，并封龙井狮峰山下胡公庙前 18 棵茶树为“御茶”。新中国成立后，龙井的生产迅速恢复和发展。2020 年 1 月，杭州市农业农村局、市场监督管理局联合出台《西湖龙井茶产地证明标识管理办法》，实现了西湖龙井生产经营环节的全程可追溯监管。

图 2-1 西湖龙井干茶

图 2-2 西湖龙井茶汤

西湖龙井的品质因产地的小气候与炒制技术的差异而各具特色。历史上有“狮”“龙”“云”“虎”四个品类之分。“狮”字号为龙井村狮子峰、灵隐、上天竺一带所产。“龙”字号为龙井、翁家山一带所产。“云”字号为云栖、梅家坞一带所产。“虎”字号为虎跑、四眼井一带所产。品质以“狮”字号“狮峰龙井茶”最佳。20世纪50年代后，根据生产的情况和品质风格的变迁，调整为狮峰龙井茶、梅坞龙井茶、西湖龙井茶3个品类，品质仍以“狮峰龙井”为珍，现统称为西湖龙井。

西湖龙井原料选用龙井群体种、龙井43和龙井长叶茶树品种，开采于3月中下旬，对不同等级的鲜叶原料分别摊放和炒制。初制工艺分鲜叶摊放、炒青锅（杀青）、摊凉回潮、二青分筛、辉锅、干茶分筛、挺长头、归堆、收灰贮存等9道工序。炒制的手势有抖、带、挤、甩、挺、拓、扣、抓、压、磨，号称10大手法。高级西湖龙井外形扁平，光滑，挺秀尖削，长短大小均匀整齐，芽锋显露，色泽绿中稍带黄，呈嫩绿色；香郁味醇，回味甘爽。叶底在杯中嫩匀成朵，交错相映。西湖龙井以色翠、香郁、味醇、形美4大特点驰名中外。

（2）黄山毛峰（图2-3和图2-4） 我国十大名茶之一，产于安徽省黄山（徽州）一带。主产区位于黄山风景区和黄山市黄山区、徽州区、歙县、休宁县等地。创制于清末，为历史名茶。采制黄山毛峰的茶树品种主要为黄山大叶种。黄山毛峰产品分特级、1~3级。特级黄山毛峰又分上、中、下3等，1~3级各分2等。特级黄山毛峰的采摘标准为1芽1叶初展，1~3级黄山毛峰的采摘标准分别为1芽1叶、1芽2叶初展、1芽1~3叶初展。特级黄山毛峰于清明前后开采，1~3级黄山毛峰于谷雨前后采制。加工分杀青、揉捻、烘焙等工序。特级黄山毛峰形似雀舌，匀齐壮实，峰显毫露，色如象牙，鱼叶金黄；清香高长，汤色清澈，滋味鲜浓、醇厚、甘甜；叶底嫩黄，肥壮成朵。其中“金黄片”和“象牙色”是不同于其他毛峰的两大明显特征。

图2-3 黄山毛峰干茶

图2-4 黄山毛峰茶汤

（3）洞庭碧螺春（图2-5和图2-6） 产于江苏省苏州市太湖洞庭山，创制于明朝，因产于碧螺峰而得名，又因香气奇异而得名“吓煞人香”，为历史名茶。碧螺春鲜叶采摘从春分开采，至谷雨结束，采摘的标准为1芽1叶初展，对采摘下来的芽叶要进行严格拣剔，去除鱼叶、老叶和过长的茎梗。高级的碧螺春，0.5千克干茶需要茶芽6万~7万个。炒制工艺分杀青、炒揉、搓团、焙干4道工序，在同一锅内一气呵成。炒制特点是炒揉并举，关键在提毫，即搓团焙干工序。碧螺春外形条索纤细，卷曲成螺，满披茸毛，色泽碧绿；冲泡后白云翻滚，雪花飞舞，汤绿水澈，香气清高持久，茶香味醇，回味无穷，叶底细匀嫩。

图 2-5　洞庭碧螺春干茶

图 2-6　洞庭碧螺春茶汤

（4）太平猴魁（图 2-7 和图 2-8）　我国历史名茶，是名茶中的极品，产于安徽省黄山市黄山区新民、龙门一带。太平猴魁以柿大茶群体种鲜叶为主要原料，于谷雨前后开园采摘，到立夏结束，要求采摘 1 芽 3 叶新梢。太平猴魁的加工方法分杀青和烘干两道工序。杀青选用平口深锅，用木炭作为燃料，要求杀青均匀，老而不焦，无黑泡、白泡和焦边现象；烘干又分子烘、老烘和打老火 3 个过程。太平猴魁外形两叶抱芽、平扁挺直、自然舒展、白毫隐伏，有“猴魁两头尖，不散不翘不卷边”之说，芽叶肥硕、重实、匀齐，叶色苍绿匀润，叶脉绿中隐红，俗称“红丝线”；兰香高爽、滋味醇厚回甘，香味有独特的“猴韵”；汤色明澈，叶底嫩绿明亮，芽叶成朵肥壮。太平猴魁按品质优劣分为太平猴魁、魁尖和尖茶 3 个品目。

图 2-7　太平猴魁干茶

图 2-8　太平猴魁茶汤

（5）六安瓜片（图 2-9 和图 2-10）　我国传统历史名茶、十大名茶之一。六安瓜片产于安徽省六安市金寨、霍山等地区。金寨县齐山的茶为最好的，称齐山名片。六安瓜片创制于 1905 年前后，当时六安州（现六安市）茶农从收购的上等绿大茶中专拣嫩叶摘下，不要老叶和茶梗，作为新产品售卖，获得好价。随后，当地茶农如法炮制，并起名曰：峰翅，意为毛峰（蜂）之翅，后因这种茶形如葵花子，遂称“瓜子片”，后来为了顺口，就成了瓜片。

图 2-9　六安瓜片干茶

图 2-10　六安瓜片茶汤

采制六安瓜片的茶树品种主要为六安双锋山中叶群体种，俗称大瓜子种。六安瓜片采制方法的独特之处：一是鲜叶必须长到“开面”才采摘；二是鲜叶通过“扳片”，除去芽头和茶梗，掰开嫩片、老片；三是嫩片、老片分别杀青，生锅、熟锅连续作业，杀青、失水、造型相结合；四是烘焙分 3 次进行，火温先低后高，特别是最后拉老火，炉火猛烈，火苗盈尺，抬篮走烘，一罩即去，交替进行。抬（烘）篮一招一步节奏紧扣，二人配合默契，如跳古典舞一般，煞是好看，实为中国茶叶烘焙技术中别具一格的“火功”。六安瓜片外形单片顺直匀整，叶边背卷平展，不带芽梗，形似瓜子。干茶色泽翠绿、起霜有润；汤色清澈，香气高长，滋味鲜醇回甘；叶底黄绿匀亮。历史上按采摘季节和原料不同有银针（芽尖）、提片（第 1、2 片叶）、瓜片（第 3 片叶）、梅片（第 4 片叶以上）之分，六安瓜片分为精品、特一级、特二级、一级、二级、三级共 6 个级别。

（6）南京雨花茶（图 2-11 和图 2-12）　产于江苏省南京市，1959 年创制成功，产地分布于雨花、栖霞、浦口、江宁、六合、高淳等地。鲜叶采摘以一芽一叶为标准，长度 2~3 厘米，每千克芽头 2.2 万个。通过轻度萎凋、高温杀青、适度揉捻、整形干燥等工序加工而成。成品外形紧、直、圆、绿、匀，形似松针，条索紧结，长直圆浑，两端略尖，锋苗挺秀，色泽墨绿，整齐均匀；内质绿、鲜、亮、浓、纯，汤色澄澈清绿，滋味鲜醇可口，香气浓郁高雅；叶底匀嫩明亮，纯净度好。

（7）信阳毛尖（图 2-13 和图 2-14）　亦称“豫毛峰”，是我国传统名茶之一。主要产地在河南省信阳市新县、商城县、平桥区等。因其条索细秀、圆直有峰尖、白毫满披而得名“毛尖”，又因产地在信阳故名信阳毛尖。素来以“细、圆、光、直、多白毫、香高、味浓、色绿”的独特风格而饮誉中外，早在 1915 年巴拿马万国博览会上就荣获金奖，1959 年被评为中国十大名茶之一。信阳毛尖于清明节后开始采摘，采茶时，不采老，不采小，不采马路叶（鱼叶），不采茶果（花蕾、小茶果实）。珍品毛尖鲜叶85%以上为单芽，其余为1芽1叶初展；特级毛尖鲜叶85%以上1芽1叶初展，其余为1芽1叶；一级毛尖鲜叶70%以上1芽1叶，其余为1芽2叶初展；二级毛尖鲜叶60%以上1芽2叶初展，其余为1芽2叶或同等嫩度的对夹叶；三级毛尖鲜叶60%以上1芽2叶，其余为同等嫩度的单叶、对夹叶或1芽3叶；四级毛尖鲜叶60%以上1芽2叶，其余为1芽3叶及同等嫩度的单叶或对夹叶。制茶工艺分生锅、熟锅、初烘、摊凉、复烘、拣剔、再复烘等工序。信阳毛尖外形条索细、圆、紧、直，色泽翠绿，白毫显露；内质汤色嫩绿明亮，熟板栗香高长、鲜浓，滋味鲜爽，余味回甘；叶底嫩绿匀整。

图 2-11　南京雨花茶干茶

图 2-12　南京雨花茶茶汤

图 2-13　信阳毛尖干茶

图 2-14　信阳毛尖茶汤

（8）蒙顶甘露（图 2-15 和图 2-16）　因产于四川省名山区的蒙山之顶，故名“蒙顶茶”。蒙顶山是世界茶文明的发祥地，世界茶文化的发源地，是我国历史上有文字记载人工种植茶叶最早的地方。蒙顶茶作为贡茶，一直延续到清朝，长达千年之久。现在蒙顶甘露的制法工艺沿用明朝的“三炒三揉”。鲜叶采回后，经过摊放，然后杀青。为使茶叶初步卷紧成条，给“做形”工序创造条件，杀青后需经过3次揉捻和3次炒青。蒙顶茶，由于在加工过程中加入了揉捻工艺，和普通的绿茶相比，滋味更加鲜嫩醇爽。

图 2-15　蒙顶甘露干茶

图 2-16　蒙顶甘露茶汤

蒙顶名茶种类繁多，有甘露、上清、菱角、蒙顶黄芽、石花、玉叶长春、万春银针等。其中“甘露”在蒙顶茶中品质最佳。甘露茶采摘细嫩，制工精湛，外形美观，内质优异。干茶条索纤细，紧卷多毫，嫩绿色润；香气馥郁芬芳鲜嫩；茶汤似甘露，碧清微黄，滋味鲜爽；叶底匀整，嫩绿显毫，浓郁回甜。

（9）庐山云雾（图 2-17 和图 2-18）　产于江西省九江市庐山，为历史名茶。庐山产茶历史悠久，庐山云雾古称“闻林茶”，从明朝起始称云雾，已有 300 多年历史。庐山云雾茶比其他茶采摘时间晚，一般在谷雨后至立夏之间方开始采摘。以 1 芽 1 叶初展为标准，长约 3 厘米。制茶工艺分杀青、抖散、揉捻、初干、理条、搓条、拣剔、做毫、再干燥共 9 道工序。庐山云雾外形条索壮尚结，匀整多毫，色泽绿翠；内质香气清鲜持久，汤色清澈明亮，滋味醇厚回甜；叶底肥软嫩绿、匀齐。

图 2-17　庐山云雾干茶

图 2-18　庐山云雾茶汤

（10）恩施玉露（图 2-19 和图 2-20）　产于湖北省恩施市东南部，为历史名茶，是蒸青绿茶。恩施玉露选用 1 芽 1 叶或 1 芽 2 叶、大小均匀、节短叶密、芽长叶小、色泽浓绿的鲜叶为原料。加工工艺为蒸青、扇干水汽、铲头毛火、揉捻、铲二毛火、整形上光、烘焙、拣选等工序，其中整形上光是玉露茶光滑油润、挺直紧细、汤色清澈明亮、香高味醇的重要工序，分悬手搓和“搂、搓、端、扎”4个手法交替使用两个阶段进行。恩施玉露外形条索紧圆光滑，纤细挺直如针，色泽苍翠绿润，被称为“松针”；经沸水冲泡，芽叶复展如生，初时婷婷悬浮杯中，继而沉降杯底，平伏完整，汤色嫩绿明亮，如玉似露，香气清爽，滋味醇和。

图 2-19　恩施玉露干茶

图 2-20　恩施玉露茶汤

（11）安吉白茶（图 2-21 和图 2-22）　浙江名茶的后起之秀，浙江省安吉县特产，国家地理标志产品。安吉白茶外形挺直略扁，形如兰蕙；色泽翠绿，白毫显露；叶芽如金镶碧鞘，内裹银箭，十分可人。冲泡后，清香高扬且持久。滋味鲜爽，饮毕，唇齿留香，回味甘而生津。叶底嫩绿明亮，芽叶朵朵可辨。安吉白茶属绿茶类，其色白，按绿茶加工原理制作。安吉白茶的茶树品种为白叶一号，是一种罕见的白化茶树品种。安吉白茶外形形似凤羽，色泽翠绿间黄，光亮油润；香气清鲜持久，滋味鲜醇，汤色清澈明亮；叶底芽叶细嫩成朵，叶白脉翠。安吉白茶富含人体所必需的 18 种氨基酸，其氨基酸含量在 5%~10.6%，高于普通绿茶 3~4 倍，多酚类比其他的绿茶少，所以滋味特别鲜爽，没有苦涩味。

图 2-21　安吉白茶干茶

图 2-22　安吉白茶茶汤

（12）扬州绿杨春（图 2-23 和图 2-24）　产于江苏省仪征市的捺山等周边丘陵地带，为新创名茶。绿杨春茶形如新柳叶，翠绿秀气；内质香气高雅，汤色清明，滋味鲜醇；叶底嫩匀。

图 2-23 扬州绿杨春干茶

图 2-24 扬州绿杨春茶汤

2. 黄茶类名茶

(1)霍山黄芽(图 2-25 和图 2-26) 产于安徽省霍山县,茶树品种为霍山金鸡种。霍山黄芽鲜叶细嫩,开采期在清明前后,采摘期一个月,采摘标准为 1 芽 1 叶至 2 叶初展。采摘要求"三个一致"和"四不采",即形状、大小、色泽一致,开口芽不采,虫伤芽不采、霜冻芽不采、紫色芽不采。鲜叶采回后除去老叶、茶梗、杂质和不符合标准的鲜叶,然后薄摊于团簸,晴天无露水时,摊放 2~3 小时,阴雨天摊放 4~5 小时。鲜叶上午采,下午制;下午采,晚上制,不制过夜茶。制作工艺为鲜叶采摘、杀青(做形)、毛火、摊放、足火、拣剔、复火。霍山黄芽依其品质分为特一级、特二级、一级和二级。外形挺直微展,色泽黄绿披毫;香气清香持久,汤色黄绿明亮,滋味浓厚鲜醇回甘;叶底微黄明亮。

图 2-25 霍山黄芽干茶

图 2-26 霍山黄芽茶汤

(2)君山银针(图 2-27 和图 2-28) 产于湖南省岳阳洞庭湖中的君山,芽形如针,故名君山银针。君山银针选用没有开叶的肥壮嫩芽制成,于清明前 3 天开采,芽头要求长 25~30 毫米,芽蒂长约 2 毫米,且雨天、露水芽、紫色芽、空心芽、开口芽、冻伤芽、虫伤芽、瘦弱芽、过长过短芽不采,即所谓"九不采"。制茶工艺分杀青、摊放、初烘、初包、复烘、摊放、复包、干燥等工序。君山银针品质特点为:外形芽头壮实挺直,白毫显露，茶芽大小长短均匀，形如银针，芽身金黄，享有“金镶玉”之誉；冲泡时，叶尖向水面悬空竖立，恰似群笋破土而出，又如刀枪林立，茶影汤色交相辉映，逸趣横生，继而又徐徐下沉，随冲泡次数而三起三落；茶汤色泽杏黄明澈，入口滋味甘醇，香气清鲜；叶底明亮。

图 2-27　君山银针干茶

图 2-28　君山银针茶汤

（3）蒙顶黄芽（图 2-29 和图 2-30）　产于四川省名山区的蒙顶山，为历史名茶。蒙顶黄芽采制品种为四川中小叶群体种，采用原料为单芽至 1 芽 1 叶初展，芽头肥壮，大小匀齐，不采空心芽、病虫芽等，一般在春分前后采摘。制茶工艺分杀青、初包、二炒、复包、三炒、摊放、整形提毫、烘焙 8 道工序，包黄是形成蒙顶黄芽品质特点的关键工序。蒙顶黄芽的品质特点为：外形扁平挺直，嫩黄油润，全芽披毫；香气甜香浓郁，汤黄明亮，味甘而醇；叶底全芽，嫩黄匀齐。

图 2-29　蒙顶黄芽干茶

图 2-30　蒙顶黄芽茶汤

（4）平阳黄汤（图 2-31 和图 2-32）　浙江省温州市平阳县特产，全国农产品地理标志产品。平阳黄汤是选用平阳特早茶或当地群体种等茶树品种优质鲜叶为原料，以特定加工工艺精工细制而成的具有地方特色的名优产品，技艺纯熟，品质优异，风味独特，外形纤秀匀整，干茶色泽嫩黄，汤色杏黄明亮；香气香高持久，滋味甘醇爽口；叶底嫩匀成朵，外形纤秀匀整，具有“干茶显黄、汤色杏黄、叶底嫩黄”的三黄特征。平阳黄汤采摘标准为 1 芽 1 叶初展至 1 芽 2 叶，茶树蓬面每平方米达到 10~15 个标准芽为开采适期。鲜叶用竹制器具盛装，就近加工。工艺流程为摊青、杀青、揉捻、一闷、一烘、二闷、二烘、三闷、三烘。

图 2-31 平阳黄汤干茶

图 2-32 平阳黄汤茶汤

3. 白茶类名茶

（1）白毫银针（图 2-33 和图 2-34） 产于福建省福鼎市与政和县，白茶创制于明朝，为历史名茶。白毫银针选用福鼎大白毫、政和大白茶的春季茶树嫩芽制作而成，茶树新芽抽出时，留下鱼叶，摘下肥壮单芽制作，也有采 1 芽 1 叶置室内“剥针”。采摘标准要求严格，凡雨露水芽、风伤芽、虫蛀芽、开心芽、空心芽、病芽、弱芽、紫色芽均不采用。其初制工艺流程分萎凋与干燥两道工序，加工时以晴天尤其是凉爽干燥的气候所制的银针品质最佳。白毫银针外形芽针肥壮，满披白毫，色泽银亮；内质香气清鲜，毫味鲜甜，滋味鲜爽微甜，汤色清澈明亮，呈浅杏黄色；叶底芽头肥壮，明亮匀整。茶性寒凉，有退热降火、解毒之功效。

图 2-33 白毫银针干茶

图 2-34 白毫银针茶汤

（2）白牡丹（图 2-35 和图 2-36） 主产于福建省的南平市政和县、福鼎市，是福建省历史名茶。白牡丹是采自大白茶树或水仙种的短小芽叶新梢的鲜叶制成的，是白茶中的上乘佳品。因其绿叶夹银白色毫心，形似花朵，冲泡后绿叶托着嫩芽，宛如蓓蕾初放，故得美名白牡丹。制作工艺关键在于萎凋，要根据气候灵活掌握，以春秋晴天或夏季不闷热的晴朗天气，采取室内自然萎凋或复式萎凋为佳。采摘时期为春、夏、秋三季。采摘标准以春茶为主，一般为 1 芽 2 叶，并要求“三白”，即芽、一叶、二叶均要求有白色茸毛。白牡丹叶态自然，成品毫心肥壮，叶张肥嫩，呈波纹隆起，叶缘向叶背卷曲，芽叶连枝，叶面色泽呈深灰绿，叶背遍布白茸毛；香毫显，味鲜醇；汤色杏黄或橙黄清澈；叶底浅灰，叶脉微红。

图 2-35　白牡丹干茶

图 2-36　白牡丹茶汤

（3）月光白（图 2-37 和图 2-38）　以云南省景谷大白茶为原料，采用白茶的制作工艺萎凋、干燥、轻度发酵制作而成。形状奇异，叶片一面白，一面黑，汤色浅黄，清凉透澈；一经冲泡，香气四溢，口感醇厚饱满，香醇温润；香气馥郁缠绵、脱俗飘逸；初开汤时有蜜香，继之是清雅的果香或花香。

图 2-37　月光白干茶

图 2-38　月光白茶汤

4. 乌龙茶类名茶

（1）武夷山大红袍（图 2-39 和图 2-40）　产于福建省武夷山，成品茶香气浓郁，滋味醇厚，有明显“岩韵”特征，饮后齿颊留香，被誉为“武夷茶王”。武夷大红袍，因早春茶芽萌发时，嫩梢芽叶艳红似火，若红袍披树，因此得名。大红袍茶树为灌木型，树冠半展开，分枝较密集，叶梢向上斜生，叶近阔椭圆形，尖端钝略下垂，叶缘微向面翻，叶色深绿光泽；内质稍厚而发脆，嫩芽略壮，显毫，深绿带紫。大红袍条形壮结、匀整，色泽深褐鲜润，冲泡后茶汤呈深橙黄色，清澈艳丽；叶底软亮，叶缘朱红，叶心淡绿带黄；兼有红茶的甘醇、绿茶的清香。

图 2-39 武夷山大红袍干茶

图 2-40 武夷山大红袍茶汤

（2）武夷肉桂（图 2-41 和图 2-42） 由于它的香气似桂皮香，所以在习惯上称“肉桂”。为无性系品种，茶树为大灌木型，树势半披张，梢直立。树高与宽幅可达 2 米以上。自然生长者高、幅达 3 米以上，分枝尚密，节距尚长（3~6 厘米）。叶片光滑椭圆，叶尖钝，整株叶片差异大。育芽能力强，持嫩性尚好，抗寒性好。肉桂外形条索匀整卷曲，色泽褐绿，油润有光；干茶嗅之有甜香，冲泡后茶汤，特具奶油、花果、桂皮般的香气；入口醇厚回甘，齿颊留香，茶汤橙黄清澈；叶底匀亮，呈淡绿底红镶边，冲泡六七次仍有“岩韵”的肉桂香。

图 2-41 武夷肉桂干茶

图 2-42 武夷肉桂茶汤

（3）漳平水仙（图 2-43 和图 2-44） 又名“纸包茶”，系乌龙茶紧压茶，产于福建省漳平双洋、南洋、新桥等地。创制于约 1934 年，为历史名茶。水仙茶饼的工艺流程为晒青、晾青、摇青、炒青、揉捻、模压造型、烘焙，有别于条形乌龙茶的制作。采用水仙品种的鲜叶为原料，采摘以小开面至中开面 2、3 叶的嫩梢为宜，水仙茶饼的制作综合了闽北与闽南乌龙茶的初制技术，主要特点是晒青较重，做青前期阶段使用水筛摇青，做青后期阶段使用摇青机摇青，前后各两次，炒青后采用木模压制造型、白纸定型等特有的工序，再经精细的烘焙，便形成了其独特的优异品质。品质特征为外形呈小方块，边长约为 5 厘米×5 厘米，厚约 1 厘米，形似方饼，干色乌褐油润，干香纯正；内质香气高爽，具花香且香型优雅，滋味醇正甘爽且味中透香，汤色橙黄，清澈明亮；叶底肥厚黄亮，红边鲜明。

图 2-43　漳平水仙干茶

图 2-44　漳平水仙茶汤

（4）安溪铁观音（图 2-45 和图 2-46）　产于福建省安溪县，创制于清代乾隆年间，为历史名茶。安溪铁观音选用铁观音茶树品种的鲜叶制作而成，安溪一年四季皆可制茶，从 4 月底至 5 月初开采春茶，至 10 月上旬采秋茶。采摘驻芽 3 叶，俗称“开面采”。初制工艺流程为鲜叶采摘晒青、晾青（或静置）、摇青、炒青、揉捻 、初烘、初包揉、复烘、复包揉、足干。干茶外形紧结沉重，色泽砂绿油润；内质香气馥郁、芬芳悠长，滋味醇厚甘鲜，汤色金黄明亮，饮之齿颊留香，甘润生津。香味具有独特的风格，俗称“观音韵”。

图 2-45　安溪铁观音干茶

图 2-46　安溪铁观音茶汤

（5）凤凰单丛（图 2-47 和图 2-48）　产于广东省潮安县，为历史名茶。凤凰单丛是一个大类，其中有很多品种，有乌龙、红茵、水仙、黄茶、色种 5 大类，其中水仙是最大的一类。一般多以香型来命名，如黄栀香、芝兰香、蜜兰香、桂花香、玉兰花香、柚花香、夜来香、茉莉花香、杏仁香、肉桂香、姜母香、桃仁香等；也有以树种来命名的，如宋种、石古坪细叶乌龙、鸡笼刊、锯剁仔、大白叶、大乌叶等；还有根据一些故事来命名的，如八仙过海、一代天骄、通天香等。凤凰单丛由凤凰水仙中的优异单株鲜叶制成，采摘标准是适度成熟，即60%~70%的新梢达到中开面。采茶要求严格，清晨不采，雨天不采、太阳过强不采，一般是在晴天14：00~17：00采。加工分晒青、晾青、碰青、杀青、揉捻、干燥等工序。凤凰单丛品质极佳，素有“形美、色翠、香郁、味甘”四绝。外形特点是挺直肥硕油润，香气呈优雅清高浓郁的自然花香，醇厚、爽口、回甘，特殊山韵蜜味的滋味，橙黄清澈明亮的汤色，青蒂绿腹红镶边的叶底，极耐冲泡的底力，构成凤凰单丛茶特有的色、香、味内质特点。

图2-47 凤凰单从干茶

图2-48 凤凰单从茶汤

（6）冻顶乌龙（图2-49和图2-50） 产于台湾南投县鹿谷乡冻顶山。因为种植在冻顶山，又是以青心乌龙芽叶加工，就被称为冻顶乌龙。制造冻顶乌龙的品种以青心乌龙最优，台茶十二号（金萱）、台茶十三号（翠玉）等品质亦佳。以人工手采为主，一般于谷雨前后采对夹2~3叶茶青，一年中可采4~5次。春茶醇厚；冬茶香气扬，品质上乘；秋茶次之。加工过程包括日光萎凋（晒青）、室内静置及搅拌（晾青及做青）、炒青、揉捻、初干、布球揉捻（团揉）、干燥等工序，发酵程度15%~20%。冻顶乌龙制作时经布球揉捻，外观紧结成半球形，色泽墨绿，汤色金黄亮丽，香气浓郁，滋味醇厚甘润，饮后回韵无穷，是香气、滋味并重的台湾特色茶。

（7）白毫乌龙（图2-51和图2-52） 又称膨风茶、香槟乌龙、东方美人茶，主要产于台湾新竹县北埔、峨眉及苗栗县。采摘经茶小绿叶蝉吸食的青心大茶树嫩芽，1芽1~2叶。加工工序为日光萎凋、室内静置及搅拌、炒青、覆湿布回润、揉捻、干燥等（发酵程度50%~60%），使茶叶产生独特的蜂蜜香或熟果香。此茶以芽尖带白毫愈多愈高级，故称为白毫乌龙。其外观不重条索紧结，而以白毫显露，枝叶连理，白、绿、红、黄、褐相间，犹如花朵为特色；汤色呈琥珀色，具熟果香、蜜糖香，滋味圆柔醇厚。

图 2-49　冻顶乌龙干茶

图 2-50　冻顶乌龙茶汤

图 2-51　白毫乌龙干茶

图 2-52　白毫乌龙茶汤

5. 红茶类名茶

（1）正山小种（图 2-53 和图 2-54）　产地以福建省武夷山市星村镇桐木关为中心，另外，崇安（今武夷山市）、建阳、光泽三县交界处的高地茶园所产的小种红茶也为正山小种。历史上因星村为正山小种集散地，故又称星村小种。正山小种创制于明末清初，是福建省传统的外销红茶之一，为历史名茶。正山小种春茶于立夏开采，夏茶小暑前后采摘，一年采两季，春茶约占全年总量的 85%。鲜叶标准为小开面3～4 叶，不带毫芽，鲜叶较工夫红茶成熟，多酚类化合物含量较少，糖及胡萝卜素含量较多，是形成小种红茶甜醇和香味的物质基础。加工方法独特，其传统工艺流程为：鲜叶采摘、萎凋、揉捻、发酵、过红锅、复揉、熏焙等。正山小种外形条索壮结，紧结圆直，不带芽毫，色泽乌黑油润，香高持久，微带松烟香气；汤色红艳浓厚，滋味甜醇回甘，具桂圆汤和蜜枣味；叶底肥厚红亮，带紫铜色。茶汤加奶后仍有较浓的茶香味。

（2）金骏眉（图 2-55 和图 2-56）　属于红茶中正山小种的分支，原产于福建省武夷山市桐木村。金骏眉采制要求很高，每 500 克金骏眉需要数万颗的茶叶鲜芽尖，采摘武夷山自然保护区内的高山原生态小种新鲜茶芽，然后经过一系列复杂的萎凋、摇青、发酵、揉捻等加工步骤制作而成。金骏眉是难得的茶中珍品，外形细小紧密，伴有金黄色的茶茸茶毫，汤色金黄，入口甘爽。

图 2-53 正山小种干茶

图 2-54 正山小种茶汤

图 2-55 金骏眉干茶

图 2-56 金骏眉茶汤

（3）祁门红茶（图 2-57 和图 2-58） 又称为祁红工夫，简称祁红，茶叶原料选用当地的中叶、中生种茶树“楮叶种”（又名祁门种）制作，是我国历史名茶，著名红茶精品，主产于安徽省祁门县及毗邻的石台县、东至县、贵池市、黟县和黄山区（旧称太平县）等地。祁门红茶创制于清代中后期，自问世以来，以清鲜持久、似花似果似蜜的独特“祁门香”风靡世界，享誉全球，是与印度的大吉岭红茶和斯里兰卡的乌瓦红茶齐名的世界三大高香红茶之一。祁门红茶采摘 1 芽 2、3 叶及同等嫩度的对夹叶经过萎凋、揉捻、发酵、烘干等工序制成。祁红条形紧细匀秀，锋苗毕露，色泽乌润；毫色金黄，入口醇和，味中有香，香中带甜，回味隽厚，具有特殊的类似玫瑰花的清新持久的甜香。

（4）宜红（图 2-59 和图 2-60） 产于武陵山系和大巴山系境内的湖北宜昌市、恩施土家族苗族自治州和湖南常德市的 20 多个县（市）。宜红问世于 19 世纪中叶（清道光年间），距今已有 170 余年历史。历史上因由宜昌集散、加工、出口而得名，是我国著名的传统外销工夫红茶之一。宜红选用春、夏、秋三季的 1 芽 2、3 叶和同等嫩度对夹叶制成，以夏、秋季鲜叶为主。初制工艺分为：萎凋、揉捻、发酵、干燥。精制工艺：毛茶经复火后分本身路、长圆身路、轻身路、下身路。有切轧、筛分、风选、紧门（抖筛）、拣剔（机拣、电拣、手拣）、拼配等工序。宜红属中小叶种红茶，条索细紧带金毫，色泽乌润；甜香高长，滋味浓醇；叶底红亮，尤其因多酚类和咖啡因含量高，络合形成的“冷后浑”乳凝现象独具特色。正茶有 1~7 级和碎茶高、中、低档 3 个花色；片、末茶有中、低档 4 个花色。

图 2-57　祁门红茶干茶

图 2-58　祁门红茶茶汤

图 2-59　宜红干茶

图 2-60　宜红茶汤

（5）滇红（图 2-61 和图 2-62）　产于云南省凤庆、勐海、临沧、双江、云县、昌宁等地区。滇红包括滇红工夫和滇红碎茶。滇红工夫创制于 1939 年，滇红碎茶 1958 年试制成功。滇红采用云南大叶种茶树鲜叶制成，一般采摘标准为 1 芽 2、3 叶。工夫红茶初制分萎凋、揉捻、发酵、干燥等工序。红碎茶初制分萎凋、揉切、发酵、干燥等工序。滇红工夫外形条索紧结、肥硕，干茶色泽乌润，金毫特多；内质香气鲜郁高长，滋味浓厚鲜爽，富有收敛性，汤色红艳；叶底红匀嫩亮。滇红经 C. T. C 工艺制成的红碎茶外形颗粒重实、匀齐、纯净，色泽油润；内质香气甜醇，滋味鲜爽浓强，汤色红艳；叶底红匀明亮。

图 2-61 滇红干茶

图 2-62 滇红茶汤

（6）英红（图 2-63 和图 2-64） 产于广东省英德市，选用适制红茶的云南大叶种为主体，搭配凤凰水仙。英德红茶外形颗粒紧结重实，色泽油润，细嫩匀整，金毫显露；香气鲜纯浓郁，花香明显，滋味浓厚甜润，汤色红艳明亮，金圈明显；叶底柔软红亮。特别是加奶后茶汤棕红瑰丽，味浓厚清爽，色香味俱全（佳），较之滇红、祁红别具风格。英德红茶产品分为叶、碎、片、末 4 个花色，各花色中包含了不同等级的多个茶号。红条茶鲜叶采摘单芽或 1 芽 1 叶初展、1 芽 2 叶初展、1 芽 2、3 叶及同等嫩度对夹叶。加工工序：鲜叶、萎凋、揉捻、发酵、干燥。红碎茶鲜叶采摘 1 芽 2、3 叶及同等嫩度对夹叶。加工工序：鲜叶、萎凋、揉切、发酵、干燥。

图 2-63 英红干茶

图 2-64 英红茶汤

6. 黑茶类名茶

（1）云南普洱茶 历史上的普洱茶，是以云南大叶种茶加工成的晒青茶为原料，经加工整理而成的各种云南茶叶的统称。

2008 年 12 月 21 日国家标准《地理标志产品 普洱茶》（GB/T 22111—2008）颁布。其定义为：普洱茶是云南特有的地理标志产品，以符合普洱茶产地环境条件的云南大叶种晒青茶为原料，按特定的加工工艺生产，具有独特品质特征的茶叶。

普洱茶按加工工艺与品质形成的途径分为普洱茶生茶和普洱茶熟茶两大类型。

① 普洱茶生茶（也称青饼，图 2-65 和图 2-66），是以符合普洱茶产地环境条件下生长的云南大叶种茶树鲜叶为原料，经杀青、揉捻、日光干燥、蒸压成型等工艺制成的紧压茶。其品质特征为：外形色泽墨绿；香气清纯持久，滋味浓厚回甘，汤色绿黄清亮；叶底肥厚黄绿。普洱茶生茶在合适的贮藏环境下，经过一段时间（5~10 年甚至更长）的缓慢氧化（也称熟化），外形色泽由墨绿转化为棕褐色；香气由清纯转为陈香；滋味由浓厚回甘转化为醇甘滑爽；汤色由绿黄清亮转化为橙红明亮；叶底由黄绿转化为棕红。其品质特征由原来的晒青转变为成品普洱茶生茶所应有的特点才具有品饮价值。

图 2-65　普洱茶生茶干茶

图 2-66　普洱茶生茶茶汤

② 普洱茶熟茶（图 2-67 和图 2-68），是以符合普洱茶产地环境条件的云南大叶种晒青茶为原料，采用特定工艺、经快速后发酵熟化加工形成的散茶和紧压茶。其品质特征为：外形色泽红褐；内质汤色红浓明亮，香气独特陈香，滋味醇和回甘；叶底红褐。

图 2-67　普洱茶熟茶干茶

图 2-68　普洱茶熟茶茶汤

（2）四川边茶　主要产区是四川省雅安、乐山、绵阳、成都、达县、宜宾等地区。按销路分南路边茶（康砖、金尖）和西路边茶（方包、茯砖）两大类，主销西藏、四川甘孜及阿坝、青海玉树等少数民族地区。

南路边茶主要产地是四川雅安、乐山、荥经和宜宾地区，因产地在成都以南，故称南路边茶。南路边茶是压制康砖（图2-69和图2-70）和金尖（图2-71和图2-72）的原料茶，康砖原料品质优于金尖。

图2-69 康砖干茶

图2-70 康砖茶汤

图2-71 金尖干茶

图2-72 金尖茶汤

西路边茶是四川都江堰市（灌县）和北川、平武一带生产的边销茶，用竹篾包装，专销四川阿坝藏族羌族自治州和青海藏区。过去都江堰所产的为长方形包，称方包茶；北川、平武所产的为圆形包，称圆包茶；还有制成与湖南安化黑茶相同的茯砖茶。西路边茶的原料比南路边茶更为粗老，以刈割1~2年生枝为原料，是一种最粗老的茶叶。产区大都实行粗细兼采制度，在春季采摘一次细茶以后，再刈割边茶。有的一年刈割一次边茶，称为“单季刀”，边茶产量高，质量也好，但细茶产量低。有的两年刈割一次边茶，称“双季刀”，有利于粗细茶兼收，但边茶产量较低。有的隔几年刈割一次边茶，称“多季刀”，茶枝粗老，质量差，不能适应产销要求。

（3）六堡茶（图2-73和图2-74） 产于广西苍梧县六堡乡一带，为历史名茶。六堡茶采用中叶种或大叶种的茶树鲜叶制成，鲜叶原料多为1芽3、4叶。六堡茶初制分为：杀青、初揉、渥堆、复揉、干燥 5 道工序。紧压六堡茶工艺流程为初制毛茶、筛、风、拣、拼配、初蒸、渥堆、复蒸压笠、晾置陈化、检验出厂。散装六堡茶工艺流程为初制毛茶、筛、风、拣、渥堆、拼配装仓、产品检验出厂。渥堆和陈化是形成六堡茶独特品质风格的关键工序。六堡毛茶外形条索粗壮，色泽黑褐光润；内质香气醇厚并带有松烟香，滋味浓醇爽口，汤色红黄；叶底黄褐色。成品茶外形色泽黑褐光润，间有金花，汤色红浓；香气醇陈似槟榔香，滋味甘醇爽滑，清凉甘甜，含有特殊烟味；叶底红褐色，耐于久藏。

图 2-73　六堡茶干茶

图 2-74　六堡茶茶汤

（4）千两茶（图 2-75 和图 2-76 为现代制成饼状的千两茶）　千两茶系黑茶茶类中的一个品种，创制于湖南省安化县，是安化的传统名茶，以每卷（支）的茶叶净含量合老秤一千两而得名，因其外表的篾篓包装成花格状，故又名花卷茶。

图 2-75　千两茶干茶

图 2-76　千两茶茶汤

千两茶选用安化优质散黑茶为原料。在外观上，将散茶筑成圆柱形，柱长 5 尺（1.665 米），柱围 1.7 尺（0.56 米）。在外包装上，采用三层包装，茶质更卫生。在加工工艺上，更注重踩压技术与功夫，将茶踩压得更紧密。

千两茶生产原料一般采用大叶种，采摘标准为 1 芽 4、5 叶及成熟对夹叶，此类鲜叶制成的干毛茶一般为二级 6 等，三级 7、8 等。黑茶鲜叶采摘不忌讳雨水叶，但不采虫叶、病叶。陈年千两茶茶胎色泽如铁而隐隐泛红，开泡后陈香醇和绵厚，汤色透亮如琥珀，滋味圆润柔和令人回味，一壶茶泡上数十道汤色无改，饮之通体舒泰。新制千两茶味浓烈有霸气，涩后回甘是其典型特征。其香有樟香、兰香、枣香之别，前者为上，后者为下。

2.1.2 新茶、陈茶的特点与识别方法

1. 新茶和陈茶的基本概念

新茶与陈茶是相比较而言的，在习惯上，将当年春季从茶树上采摘的头几批鲜叶加工而成的茶叶，称为新茶。但也有将当年采制加工而成的茶叶，都称为新茶；而将上年甚至更长时间采制加工而成的茶叶，即使保管严妥，茶性良好，也统称为陈茶。

对于大多数茶叶品种来说，新茶与陈茶相比，一般以新茶为好。“饮茶要新，喝酒要陈”，是人们长期以来对生活的总结。新茶的色香味形，都给人以新鲜的感觉，称之为“崭鲜喷香”。隔年陈茶，无论是色泽还是滋味，总有“香沉味晦”之感。这是因为茶叶在存放过程中，在光、热、水、气的作用下，其中的一些酸类、酯类、醇类，以及维生素类物质发生缓慢的氧化或缩合，形成了与茶叶品质无关的其他化合物，而构成茶叶品质的成分，其含量却相对减少，最终使茶叶色香味形向着不利于茶叶品质的方向发展，产生了陈气、陈味和陈色。

但是，并非所有的茶叶都是新茶比陈茶好。有些茶可以存放较长时间，比如常温状态下，红茶在一年内基本不会有大的变化；乌龙茶则可以存放四五年；存放时间最长的是黑茶类，如湖南的安化黑茶、湖北的汉砖茶、广西的六堡茶、云南的普洱茶等，只要存放得当，不仅不会变质，还能提高茶叶品质，一般可以存放10年以上。

2. 茶叶陈化的具体表现

茶叶有几个特性：吸湿性、氧化性、吸附性、易碎性、热敏性。茶叶中的多酚类、糖类、蛋白质、酯类、果胶等成分都有亲水性，而茶叶表面疏松，很容易吸收空气中的水分。绿茶保质理想的水分含量为3%~6%，超过6%茶叶的新鲜度将会迅速下降，大于12%时，茶叶还会发生霉变。茶叶的吸附性使它很容易吸附各种气体，所以，如果环境有异味，茶叶会吸附异味从而失去饮用价值。茶叶中的多酚类、叶绿素、酯类和芳香物质很容易受氧气的影响，使茶的色香味发生明显变化，这些变化在黑茶中会产生一些有益风味的转化作用，而在绿茶中，则会使茶汤色泽变暗、混浊，香气变陈，滋味变淡。具体来说，茶叶陈化有以下几个表现。

1）叶绿素被氧化，茶叶失翠。所有的植物中均含有叶绿素，叶绿素是植物外表颜色的主要构成物质，越嫩的茶芽含有的叶绿素越多。茶叶中含有的叶绿素分为两种：一种呈现蓝绿色，另一种则呈现黄绿色。这两种叶绿素的比例，决定了干茶的色泽，所以有些绿茶品种

是翠绿色、碧绿色的，有些绿茶品种则是黄绿色的。叶绿素非常不稳定，在光和热的影响下，容易分解，绿色逐渐减少，变为褐色，形成脱镁叶绿素。当这种脱镁叶绿素的含量占到70%时，茶叶开始显现褐色。

2）茶多酚发生氧化和聚变，使汤色色泽发生变化。茶多酚是构成茶叶滋味和汤色的主要物质，茶多酚含量越多，茶汤滋味越浓。茶多酚本身是没有颜色的，但在制作工艺中被氧化、聚合，最后形成了茶黄素与茶红素，两者继续与氧气接触再次氧化、聚合，最终形成茶褐素，成了褐色，所以有些红茶的汤色深，光泽暗。绿茶中的茶多酚氧化后，会使茶叶变色，滋味也会发生变化，品质变劣。

3）维生素C减少。维生素C不仅是茶叶中重要的营养物质，也与茶叶的品质有关系。维生素C特别容易氧化，越好的绿茶维生素C含量越多，也就越难保存。维生素C被氧化后生成的新物质会与氨基酸反应，茶叶的营养价值会下降，还会失去鲜爽的滋味，这点对绿茶影响巨大。

4）类脂物质水解与胡萝卜素氧化。茶叶中含有一些类脂类物质，这些物质被氧化后会发生水解，导致茶叶出现酸败味。胡萝卜素呈现黄色，有吸收光能的性质，被氧化后会产生新的物质，有较为明显的异味，茶汤自然也会受到影响。

5）氨基酸变化。越嫩的茶叶含有的氨基酸越多，氨基酸是构成茶汤鲜爽滋味的主要物质，绿茶中含量最多。茶叶在氧化过程中，氨基酸会不断地与其他物质产生的氧化物结合，最终结合成暗颜色的聚合物，茶叶的鲜爽度会下降，茶汤寡淡无味。至于红茶，氨基酸减少不会像绿茶那样严重，但时间久了，氨基酸会缓慢下降，从而影响品质。

6）茶香发生变化。茶香有挥发性，放的时间长了，香气会逐渐挥发消散。随着其他物质氧化反应的进行，茶会失去清香之气，还会出现一些异味。

3. 陈茶和新茶的基本特征的判定方法

（1）观色泽　新茶的色泽为茶叶本身应有的色泽，如西湖龙井为糙米色，碧螺春色泽银绿隐翠，黄山毛峰为象牙色等。茶叶在贮存过程中，由于受氧气和光的作用，构成茶叶色泽的一些色素物质会发生缓慢的自动分解。如绿茶中叶绿素的分解，使茶叶由青翠嫩绿逐渐变得枯灰黄绿。而对红茶品质影响较大的茶多酚氧化产物，会自动氧化，使红茶由乌润变成灰褐。

（2）品滋味　选购茶叶时需要在品尝、对比的过程中去体会滋味。新茶泡饮时，滋味鲜爽浓醇，陈茶由于茶叶中酯类物质氧化后产生了一种易挥发的醛类物质，或不溶于水的缩合物，结果使可溶于水的有效成分减少，从而使滋味由醇厚变得淡薄；同时，又由于茶叶中氨基酸的氧化，使茶叶的鲜爽味减弱而变得“滞钝”。

（3）闻香气　陈茶由于香气物质的氧化、缩合和缓慢挥发，茶叶由清香变得低浊。科学分析表明，构成茶叶香气的成分主要是醇类、酯类、醛类等特质。它们在茶叶贮藏过程中，既不断挥发，又缓慢氧化。因此，随着时间的延长，茶叶的香气就会由浓变淡，香型就会由清香馥郁而变得低闷混浊。

（4）其他情况　有些鲜茶里掺进了陈茶。这种茶色泽不匀，新茶色泽新鲜悦目，陈茶发暗、枯、黑，两者混在一起，茶色深浅反差很大。所以，买茶时只要仔细辨认一下，新陈混杂的次茶是不难鉴别的。

4. 武夷岩茶“陈茶”的特点

陈放1年以上的武夷岩茶均可称为武夷岩茶陈茶。陈放10年以上，就可以称作武夷岩茶陈年老茶。

一般情况下，新茶入库3~5年出现陈味，5年以上进入“酸期”出现酸味，这种酸味称为“梅子果酸”。酸期时间受各种因素影响，可长可短，不太确定。陈茶的汤色绛红通透，琥珀浓艳；香气随着年份增长，茶香渐去，留陈茶之香，谓为“陈香”。陈茶滋味绵和有韵，甘醇厚实，入口绵爽顺滑，随着时间推移逐渐有药味。

品质好的茶内含物丰富，口感厚重，经过存放会更醇和，层次感强；而差的茶本身香气滋味就淡薄，甚至粗杂，随着时间推移，也许跟自身相比滋味会变得醇些，但并不能完全改变它粗杂的本质，而且滋味会更加淡薄。所以在毛茶阶段品质特征优异的茶才有做成陈茶之价值。

武夷岩茶陈茶有两种情况：一种是有意陈放，精选优质的毛茶烘焙，可一次性焙火到位，再进行长期的得当储存，或者也可有计划地在第二年取出复焙火，巩固提升品质；另一种是滞销的劣质茶叶充作陈茶，此类“陈茶”汤浊、水薄、有涩、无韵，虽有年头却无真正陈茶之品质。

5. 红茶新茶和陈茶区别

新鲜红茶色泽乌润，汤色橙红油亮。红茶在合适的储存条件下可以存放多年，色泽会变得灰暗，而茶褐素增多，也会使汤色变得相对来说不是那么透亮。

“新茶”转变为“陈茶”的过程中，茶叶自身的内含物质发生了巨大变化，会掩盖了自身的品种特性，滋味与香气变得较为单一，陈香显。

新茶的滋味都醇厚鲜爽，香气清纯馥郁多变，入口生津回甘持久。而陈茶经过长期的自然发酵，入口滑顺自然，甘甜无刺激性，温润耐泡。茶汤更醇，桂圆香特点更突出。

6. 新白茶与老白茶的区别

白茶可以久存，但细嫩的银针与白牡丹还是新茶为好。贡眉、寿眉之类的茶质地较老，可以存放较长时间。长期存放的老白茶有“一年茶，三年药”的说法，这只是一个夸张的说法。在多年的存放过程中，茶叶内部成分缓慢地发生着变化，香气成分逐渐挥发，汤色逐渐变红，滋味变得醇和，茶性也逐渐变得温和。

新白茶色泽呈自然的青绿色、灰绿色，光泽自然新鲜且白毫满布，特别是阳春三月采制的白茶，叶片底部及顶芽的白毫较其他季节所产的更为丰厚，制作工艺精细的优质白茶香味中有淡雅的花香，毫香幽幽，带有鲜爽滋味，口感较为清淡，同时夹杂着清甜味和茶青的味道，茶汤浅杏黄色。

老白茶整体感官黑褐暗淡，但依然可从茶叶上辨别些许白毫，轻闻慢嗅，陈年幽香阵阵，毫香浓重但不混浊，有淡淡的中草药香，茶汤颜色较新茶的杏黄深。

7. 普洱生茶的新老区别

首先看颜色。新普洱茶外观颜色较新鲜，带有白毫，且味道浓烈；普洱茶经过长时间的陈化，茶叶外观会呈枣红色，白毫也转成黄褐色。

其次区别在包装纸颜色。通常压制过的陈年普洱茶，其包装的白纸已随时间变得陈旧，因而纸质略黄，因此可以从纸质手工布纹及印色之老化程度着手，但只能作为参考，非绝对依据。

1949 年以前生产的普洱茶称为“古董茶”，如百年宋聘号、百年同兴贡品、百年同庆号、同昌老号、宋聘敬号。通常在茶饼内放有一张用糯米做的、印有如上名称的纸，称为“内飞”。

1949—1967 年中国茶业生产“印级改由各”茶品，也就是在包装纸的茶字上，以不同颜色标示，红印为第一批，绿印为第二批，黄印为第三批。

1968 年以后生产的茶饼包装不再印上中国茶业公司字号，改由各茶厂自选生产，统称“云南七子饼”，包括雪印青饼、73 青饼、大口中小绿印、小黄印等。

市场上普洱茶的年份曾经讲得很玄，但实际上普洱茶的年份并无有效的感官辨认方法，而且如果保存不当也会影响茶叶品质。通常没有压饼的散普陈化得比较快，而压成饼的生普陈化得比较慢，一饼生茶需要 5 年左右才可能由表及里地陈化。

2. 1. 3　茶叶品质与等级

茶叶鉴别主要有两种方式，理化审评和感观审评。茶叶理化审评是用物理和化学的方法评定茶叶的品质，需要配备的仪器比较多，检验的周期长，一般地方检测机构和茶叶经销单位都难以配制，所以只有国家茶叶质量监督检测中心作为茶叶审评机构，在年检各地方抽样茶叶时使用。感官审评是指审评人员用感官来鉴别茶叶品质的过程，即审评人员运用正常的视觉、嗅觉、味觉、触觉的辨别能力，对茶叶产品的外形、汤色、香气、滋味与叶底等品质因子进行审评，从而达到鉴定茶叶品质的目的。不同的茶类有不同的色、香、味、形标准。茶叶的感官审评项目可分为八个因子，其中干茶分形状、色泽、整碎、净度四个方面，内质分为香气、滋味、汤色、叶底四个方面，也可将干茶四个因子合为一个因子，加上内质的四个因子称为五因子审评。

1. 干茶审评

干茶的外形是茶叶标准的重要指标，每种茶都有其固定的外形要求，因此，通过看外形就可以对茶叶进行基本的判断。绿茶的外形是最为复杂的，其他茶类相对要简单一些。

（1）茶叶的形状

1）扁形，要求光扁平直，扁形茶主要是绿茶中的扁炒青。

2）针形有松针形与银针形两类，都要求细紧圆直。其中松针形要求绿翠似针，银针形要求满披白毫似针，这类茶形有绿茶、红茶、白茶、黄茶。

3）螺形，要求紧结似螺，这类茶形主要有绿茶、红茶；眉形，要求紧秀似眉，这类茶形主要有绿茶、红茶、白茶。

4）兰花形有兰花形与白兰花形两类，都要求芽壮成朵，其中兰花形要求绿翠略扁稍弯，白兰花形要求披毫略扁稍弯，这类茶形主要有绿茶、红茶。

5）雀舌形，要求单芽、扁平，形似雀舌，这类茶形主要有绿茶和黄茶。

6）珠形，要求圆紧成珠，这类茶形主要有绿茶、红茶、青茶；片形，要求片状略卷，这类茶形主要是绿茶中的瓜片。

7）曲形有曲形和曲毫形两类，总体要求细紧弯曲。其中曲形要求绿翠紧卷，曲毫形要求白毫披覆，这类茶形有绿茶、红茶、青茶。

8）菊花形，要求扎压似菊，这种也称为束形茶，主要见于绿茶，还有其他一些形状的束形茶。

（2）茶叶的色泽

1）绿茶的颜色主要有糙米色，嫩绿微黄，如龙井类的茶叶；墨绿色，如墨绿色松针形的雨花茶；嫩绿色，浅绿新鲜，似初生柳叶的颜色，很多细嫩的芽茶是这种颜色。

2）红茶的颜色主要有黑红色，干茶色黑或黑中带红，传统的小种红茶、祁门红茶常见这种颜色；红黄色，常见于茶毫丰富的芽茶，如滇红金毫；红黑相间，如金骏眉的颜色；红中带青，这种颜色在国内的红茶中很少看到，在斯里兰卡的红碎茶中常有。

3）白茶的颜色主要有银白带翠的白毫银针；青灰色的白牡丹；青黄色的老白茶等。

4）黄茶的颜色主要有黄绿色，这种颜色是黄芽茶的颜色，因品种不同而深浅不一；黄大茶的颜色是黑黄色。

5）乌龙茶的颜色有青绿色，主要见于铁观音、漳平水仙、冻顶乌龙等；青黑色或黄黑色，主要见于广东乌龙，不同发酵程度、不同焙火程度色差比较大；灰黑色有霜，主要见于中度焙火的武夷岩茶。

6）黑茶的颜色比较单调，主要是乌黑、青黑或红黑色。

不论是什么样的颜色，好茶的颜色总是润的，如果颜色枯燥，品质不会好。

（3）茶叶的整碎　与加工及贮存方法有关，如红碎茶是有意切碎的，岩茶在反复焙火的过程中也会大量破碎，这样的破碎会影响茶叶冲泡时间。除红碎茶外，好茶在制作时总会筛选一下，使茶品看起来整齐。

（4）茶叶的净度　与生产过程中的精细度有关，如果茶叶中有草梗、头发等杂物，说明茶叶生产的环境卫生条件比较差，加工的精度不高。

2. 内质审评

（1）汤色

1）绿茶的茶汤颜色以绿色为主、黄色为辅，如浅绿、嫩绿都是非常好的汤色，如果汤色发黄甚至发红，则是储存不当或是加工工艺出现问题导致。茶汤混浊、有较多的悬浮物、透明度差，多见于揉捻过度或酸、馊等不洁净的劣质茶茶汤。

2）乌龙茶汤色以金黄、橙黄、橙红明亮为好，视品种和加工方法而异。汤色同时受焙火程度的影响，火候轻汤色浅，火候重汤色深，汤色仅作为参考。浅红色或暗红色汤色常见于陈茶或烘焙过度的茶。

3）红茶汤色以红艳、红亮、清澈明亮为好，以暗红、混浊为次。红茶汤冷却后出现浅褐色或橙色乳状的浑汤现象称为冷后浑，为大叶种优质红茶的表现。

4）白茶汤色以清澈、浅黄、橙黄明亮或浅杏黄为上，以红、暗、浊为次。茶汤色微泛红，为鲜叶萎凋过度、产生较多红张引起。

5）黄茶汤色清澈、微黄、黄亮或深黄都是正常的。如出现绿色、褐色、橙色或红色，都是不正常的色泽。

6）黑茶汤色以橙黄或橙红为佳。普洱茶呈橙红色或深红色。湖南“三尖”汤色橙黄，“三砖”茶中的茯砖要求橙红，花砖、黑砖要求橙黄带红为主。六堡茶要求汤色红浓，汤色要求明亮，忌浊，汤浊者香味不纯正或馊或酸，多视为劣变。

（2）香气

1）绿茶中清新的嫩香、清香、花香、栗香等都是优质茶的香气，如出现青气、烟焦气则是加工工艺不当所致。茶叶香气和滋味中的海藻、苔菜类的味道多见于日本产的上等蒸青绿茶；高火香似炒黄豆的香气，多因干燥过程中温度偏高；粗青气多见于杀青不透的下等绿茶；焦糖气多因干燥温度过高、茶叶内所含成分开始轻度焦化所致；粗老气因茶叶粗老而表现出的内质特征，多见于各类低档茶，一般四级以下的茶叶带有不同程度的粗老气；茶叶被烧灼但未完全炭化会产生烟焦味，多见于杀青温度过高、部分叶片被烧灼的茶叶；火香也称焦糖香，多因茶叶在干燥过程中烘、炒温度偏高造成。在不同的地区，“火香”的褒贬含义不同，如山东一带认为稍有火香的绿茶香气好，而江、浙、沪地区则相反；其他如陈闷、陈熟、陈霉气均为次品劣变茶。

2）红茶的香气一般为甜香，要求清鲜高爽，又因加工工艺、鲜叶嫩度、茶树品种、产地、季节等不同，有的还具有特有的花香或蜜糖香，如玫瑰香、兰花香、苹果香、麦芽香等，这是优质红茶的香气表现。红茶带青气是萎凋和发酵不足所致。

3）乌龙茶的香气以花香或果香高长为优，以粗钝低短为次，不同的品种各有其独特香气，需仔细区分。乌龙茶烘焙后，没有及时摊晾会形成一种闷火气；烘焙升温过快，会产生猛火气。

4）白茶香气以毫香浓郁、清鲜纯正为上，以淡薄、生青气、发霉失鲜、有红茶发酵气为次。

5）黄茶的香气有栗香、甜兰香、焦豆香等，部分黄小茶用烟熏，带松烟香（如沩山毛尖），多数黄茶要求高火香，这是正常的特征，香气要浓高持久。

6）黑茶的陈香不应有霉气味。菌花香是茯砖茶的金花所发出的特殊香气；松烟香为湖南黑毛茶和六堡茶等的传统香气特征。渥堆过度会产生酸馊气，茶叶焦灼生烟会发出烟焦气。

（3）滋味

1）绿茶原料相对细嫩，滋味以鲜嫩爽口、清鲜回甘者为优，浓、淡者次，苦、涩再次，异味者劣。注意需要分辨较老原料的茶叶会有粗老或粗淡的味道，而嫩度很好的绿茶应是鲜爽回甘的滋味。苦涩的茶汤多见于夏、秋季制作的大叶种绿茶。

2）条形红茶以滋味甜醇为好，红碎茶以滋味浓厚、强烈、鲜爽为好，以酵味、青味、酸馊味为次。酵味是发酵过度或发酵时透气性差导致产生令人不愉快的气味。

3）乌龙茶的滋味有浓淡、醇苦、爽涩、厚薄之分，评定时以浓厚、浓醇、鲜爽回甘为优，以粗淡、粗涩为次。

4）白茶滋味以鲜美、醇爽、清甜为上，以粗涩单薄为次。

5）黄茶滋味的特点是醇厚不苦涩，口感与绿茶有些接近，但是细细品味，没有绿茶刺激性强，较之绿茶更加醇和、甘甜。

6）黑茶滋味主要是醇而不涩。普洱茶滋味醇浓，康砖茶醇厚，其他茶醇和、纯正。六堡茶具槟榔香味，湖南天尖醇厚，贡尖醇和，黑砖醇和微涩。喉味粗糙是不好的滋味，通常也称为锁喉。

（4）叶底

1）好的绿茶叶底鲜绿明亮、匀齐完整、叶质柔软。相反，如叶色发暗、花杂、断碎、粗老者，都是质量较次茶叶的表现。

2）红茶的叶底应以红亮、红艳、红匀为好，如出现红暗、花杂、粗糙硬缩，多是加工工艺出现异常导致。

3）乌龙茶的叶底以叶张完整、柔软、肥厚、色泽青绿稍带黄、红点明亮的为好，但不同的品种及加工工艺，会导致叶底的色泽差异较大。叶底淡薄、粗硬、色暗绿、红点暗红为次。叶张发红而无光泽称为暗红张，多为晒青不当造成灼伤或发酵过度而产生。

4）白茶叶底以匀整、毫芽多为上，以带硬梗、叶张破碎、粗老为次。色泽以鲜亮为上，以花杂、暗红、焦红边为次。

5）黄茶中，黄芽茶、黄小茶、黄大茶的嫩度依次递减，嫩芽多而厚、软为好茶，硬、薄是低级茶。叶底颜色要黄亮，不能暗，出现红或绿都是质量较次的。老嫩一致、色泽匀齐也是优质黄茶的特征。

6）黑茶除篓装茶叶底黄褐及普洱茶叶底红褐亮匀较软外，其他砖茶的叶底一般黑褐较粗。

3. 等级评定

不同的茶类有不同的色、香、味、形标准。

（1）绿茶等级评定　绿茶根据加工工艺的不同，分为炒青绿茶、烘青绿茶、蒸青绿茶和晒青绿茶。

1）炒青绿茶按照产品形状的不同分为长炒青绿茶、圆炒青绿茶、扁炒青绿茶。不同形状的产品按照感官品质要求分为特级、一级、二级、三级、四级、五级。

① 参照国家标准《绿茶　第3部分：中小叶种绿茶》（GB/T 14456.3—2016），长炒青各等级的感官品质要求见表2-1。

表2-1　长炒青各等级的感官品质要求

级别	外形				内质			
	条索	整碎	色泽	净度	香气	滋味	汤色	叶底
特级	紧细显锋苗	匀整	绿润	稍有嫩茎	鲜嫩高爽	鲜醇	清绿明亮	柔嫩匀整 嫩绿明亮
一级	紧结有锋苗	匀整	绿尚润	有嫩茎	清高	浓醇	绿明亮	绿嫩明亮
二级	紧实	尚匀整	绿	稍有梗片	清香	醇和	黄绿明亮	尚嫩黄绿 明亮
三级	尚紧实	尚匀整	黄绿	有片梗	纯正	平和	黄绿尚明亮	稍有摊张 黄绿尚明亮
四级	粗实	欠匀整	绿黄	有梗朴片	稍有粗气	稍粗淡	黄绿	有摊张 绿黄
五级	粗松	欠匀整	绿黄带枯	有黄朴 梗片	有粗气	粗淡	绿黄稍暗	粗老 绿黄稍暗

② 参照国家标准《绿茶　第3部分：中小叶种绿茶》（GB/T 14456.3—2016），圆炒青各等级的感官品质要求见表2-2。

表 2-2 圆炒青各等级的感官品质要求

级别	外形				内质			
	颗粒	整碎	色泽	净度	香气	滋味	汤色	叶底
特级	细圆重实	匀整	深绿光润	净	香高持久	浓厚	清绿明亮	芽叶较完整 嫩绿明亮
一级	圆结	匀整	绿润	稍有嫩茎	高	浓醇	黄绿明亮	芽叶尚完整 黄绿明亮
二级	圆紧	匀称	尚绿润	稍有黄头	纯正	醇和	黄绿尚明亮	尚嫩尚匀 黄绿尚明亮
三级	圆实	匀称	黄绿	有黄头	平正	平和	黄绿	有单张 黄绿尚明亮
四级	粗圆	尚匀	绿黄	有黄头扁块	稍低	稍粗淡	绿黄	单张较多 绿黄
五级	粗扁	尚匀	绿黄稍枯	有朴块	有粗气	粗淡	黄稍暗	粗老 绿黄稍暗

③ 参照国家标准《绿茶　第 3 部分：中小叶种绿茶》（GB/T 14456. 3—2016），扁炒青各等级的感官品质要求见表 2-3。

表 2-3 扁炒青各等级的感官品质要求

级别	外形				内质			
	条索	整碎	色泽	净度	香气	滋味	汤色	叶底
特级	扁平挺直 光削	匀整	绿润	洁净	鲜嫩高爽	鲜醇	清绿明亮	柔嫩匀整 嫩绿明亮
一级	扁平挺直	匀整	黄绿润	洁净	清高	浓醇	绿明亮	嫩匀 绿明亮
二级	扁平尚直	尚匀整	绿尚润	净	清香	醇和	黄绿明亮	尚嫩黄绿明亮
三级	尚扁直	尚匀整	黄绿	稍有朴片	纯正	醇正	黄绿尚明	稍有摊张 黄绿尚明亮
四级	尚扁稍阔大	尚匀	绿黄	有朴片	稍有粗气	平和	黄绿	有摊张绿黄
五级	稍扁稍粗松	欠匀整	绿黄稍枯	有黄朴片	有粗气	稍粗淡	绿黄稍暗	稍粗老 绿黄稍暗

珠茶是以圆炒青绿茶为原料，经筛分、风选、整形、拣剔、拼配等精制工序制成的符合一定规格的成品茶。根据加工和出口需要，产品分为特级（3505）、一级（9372）、三级（9374）、四级（9375）。

眉茶是以长炒青绿茶为原料，经筛分、切轧、风选、拣剔、车色、拼配等精制工序制成的符合一定规格要求的成品茶。根据加工和出口需要，产品分为珍眉、雨茶、秀眉和贡熙。

珍眉分为特珍特级（41022）、特珍一级（9371）、特珍二级（9370）、珍眉一级（9369）、珍眉二级（9368）、珍眉三级（9367）、珍眉四级（9366）。

雨茶分为雨茶一级（8147）、雨茶二级（8167）。

秀眉分为秀眉特级（8117）、秀眉一级（9400）、秀眉二级（9376）、秀眉三级（9380）。

贡熙分为特贡一级（9277）、特贡二级（9377）、贡熙一级（9389）、贡熙二级（9417）、贡熙三级（9500）。

以上括号中编号为出口商品的代号。

2）烘青绿茶按照产品感官品质要求分为：特级、一级、二级、三级、四级、五级。参照国家标准《绿茶　第3部分：中小叶种绿茶》（GB/T 14456. 3—2016），烘青各等级的感官品质要求见表2-4。

表2-4　烘青各等级的感官品质要求

级别	外形				内质			
	条索	整碎	色泽	净度	香气	滋味	汤色	叶底
特级	细紧显锋苗	匀整	绿润	稍有嫩茎	鲜嫩清香	鲜醇	清绿明亮	柔嫩匀整 嫩绿明亮
一级	细紧有锋苗	匀整	尚绿润	有嫩茎	清高	浓醇	黄绿明亮	尚嫩匀 黄绿明亮
二级	紧实	尚匀整	黄绿	有茎梗	纯正	醇和	黄绿尚明亮	尚嫩 黄绿尚明亮
三级	粗实	尚匀整	黄绿	稍有朴片	稍低	平和	黄绿	有单张 黄绿
四级	稍粗松	欠匀整	绿黄	有梗朴片	稍粗	稍粗淡	绿黄	单张稍多 绿黄稍暗
五级	粗松	欠匀整	黄稍枯	多梗朴片	粗	粗淡	黄稍暗	较粗老 黄稍暗

3）蒸青茶以茶树的鲜叶、嫩茎为原料，经蒸汽杀青、揉捻、干燥、成型等工序制成的绿茶产品。产品根据感官品质分为特级、一级、二级、三级、四级、五级和片茶。

参照国家标准《绿茶　第6部分：蒸青茶》（GB/T 14456. 6—2016），蒸青茶各等级的感官品质要求见表2-5。

表2-5　蒸青茶各等级的感官品质要求

级别	外形				内质			
	条索	色泽	整碎	净度	香气	滋味	汤色	叶底
特级	紧直	绿润	匀整	稍有嫩片	清香	鲜醇	绿明亮	嫩匀
一级	扁直	绿尚润	匀整	稍有嫩茎片	尚清香	醇和	绿、尚明	嫩尚匀
二级	尚扁直	绿	尚匀整	有嫩茎片	纯正	尚醇和	绿	尚嫩
三级	稍粗松	绿稍枯	尚匀	稍有朴片	尚纯正	平和	绿欠明	欠匀
四级	稍粗松	枯	欠匀	有朴片	尚纯	尚平和	绿稍暗	欠匀、稍粗
五级	较粗松	枯暗	欠匀、有碎片	朴片较多	稍粗	稍淡	绿稍暗带黄	较粗稍暗
片茶	片、带细筋	绿	欠匀、多碎片	稍飘	尚纯	淡涩	浅绿	稍粗欠匀

绿茶有大宗绿茶和名优绿茶之分。大宗绿茶是指除名优绿茶以外的普通绿茶，产量较大，品质以中、低档为主。名优绿茶制法很多，造型有特色，内质香味独特，品质优异，色泽绿润鲜亮，匀整，香气清高，滋味鲜醇，叶底匀齐，芽叶完整。名优绿茶与大宗绿茶相比，主要有以下两方面的优势。

1）名优绿茶的原料要求十分严格，嫩度远优于大宗绿茶，成品茶的品质也优于大宗绿茶。

2）名优绿茶的制作工艺较大宗绿茶精细，大部分名优绿茶都是全手工或手工与机械相结合的方式制作。

在我国茶叶生产中，名优茶的比重越来越大，几乎支撑了整个茶叶产业。名优茶产品的分级主要依据现有的国家标准、行业标准、地方标准和企业标准进行分级。参照行业标准《西湖龙井茶》（GH/T 1115—2015），各等级感官品质要求见表 2-6。

表 2-6 西湖龙井茶各等级的感官品质要求

级别	外形				内质			
	条索	整碎	色泽	净度	香气	滋味	汤色	叶底
精品	扁平光滑、挺秀尖削、芽锋显露	匀齐	嫩绿鲜润	洁净	嫩香馥郁持久	鲜醇甘爽	嫩绿鲜亮、清澈	幼嫩成朵，匀齐、嫩绿鲜亮
特级	扁平光润、挺直尖削	匀齐	嫩绿鲜润	匀净	清香持久	鲜醇甘爽	嫩绿明亮、清澈	细嫩成朵，匀齐、嫩绿明亮
一级	扁平光润、挺直	匀整	嫩绿尚鲜润	洁净	清高尚持久	鲜醇爽口	嫩绿明亮	细嫩成朵，嫩绿明亮
二级	扁平尚光滑挺直	匀整	绿润	较洁净	清香	尚鲜	绿明亮	尚细嫩成朵，绿明亮
三级	扁平、尚光滑尚挺直	尚匀整	尚绿润	尚洁净	尚清香	尚醇	尚绿明亮	尚成朵、有嫩单片，浅绿尚明亮

（2）红茶等级评定　红茶按制作工艺可分为红碎茶、工夫红茶、小种红茶 3 大类。

1）红碎茶最突出的特点是浓、强、鲜，根据茶树品种和产品要求的不同，分为大叶种红碎茶和中小叶种红碎茶两种产品，每种产品又分为碎茶、片茶、末茶等规格。红碎茶以茶树的芽、叶、嫩茎为原料，经萎凋、揉切、发酵、干燥等工艺制成。

参照国家标准《红茶　第 1 部分：红碎茶》（GB/T 13738. 1—2017），大叶种红碎茶各规格的感官品质要求见表 2-7。

表 2-7 大叶种红碎茶各规格的感官品质要求

规格	项目				
	外形	内质			
		香气	滋味	汤色	叶底
碎茶 1 号	颗粒紧实、金毫显露、匀净、色润	嫩香强烈持久	浓强鲜爽	红颜明亮	嫩匀红亮
碎茶 2 号	颗粒紧结、重实、匀净、色润	香高持久	浓强尚鲜爽	红颜明亮	红匀明亮

（续）

规格	外形	香气	滋味	汤色	叶底
	项目				
	外形	内质			
		香气	滋味	汤色	叶底
碎茶3号	颗粒紧结、尚重实、较匀净、色润	香高	鲜爽尚浓强	红亮	红匀明亮
碎茶4号	颗粒尚紧结、尚匀净、色尚润	香浓	浓尚鲜	红亮	红匀亮
碎茶5号	颗粒尚紧、尚匀净、色尚润	香浓	浓厚尚鲜	红亮	红匀亮
片茶	片状皱褶、尚匀净、色尚润	尚高	尚浓厚	红明	红匀尚明亮
末茶	细砂粒状、较重实、较匀净、色尚润	纯正	浓强	深红尚明	红匀

中小叶种红碎茶各规格的感官品质要求见表2-8。

表2-8　中小叶种红碎茶各规格的感官品质要求

规格	项目				
	外形	内质			
		香气	滋味	汤色	叶底
碎茶1号	颗粒紧实、重实、匀净、色润	香高持久	鲜爽浓厚	红亮	嫩匀红亮
碎茶2号	颗粒紧结、重实、匀净、色润	香高	鲜浓	红亮	尚嫩匀红亮
碎茶3号	颗粒较紧结、尚重实、尚匀净、色尚润	香浓	尚浓	红明	红尚亮
片茶	片状皱褶、匀齐、色尚润	纯正	平和	尚红明	尚红
末茶	细砂粒状、匀齐、色尚润	尚高	尚浓	深红尚亮	红稍暗

2）工夫红茶相比普通红茶，鲜叶细嫩、匀净、新鲜，具有代表性的是祁红和滇红，除此之外还有宜红、川红、闽红、宁红、湖红、越红等。各区域工夫红茶由于品种、生长环境、加工工艺不同，在品质风格上各有特点。工夫红茶以茶树的芽、叶、嫩茎为原料，经萎凋、揉捻、发酵、干燥和精制加工工艺制成。根据茶树品种和产品要求的不同，分为大叶种工夫红茶和中小叶种工夫红茶两种产品。

参照国家标准《红茶　第2部分：工夫红茶》（GB/T 13738. 2—2017），大叶种工夫红茶各等级的感官品质要求见表2-9。

表2-9　大叶种工夫红茶各等级的感官品质要求

级别	项目							
	外形				内质			
	条索	整碎	净度	色泽	香气	滋味	汤色	叶底
特级	肥壮紧结多锋苗	匀齐	净	乌褐油润，金毫显露	甜香浓郁	鲜浓醇厚	红艳	肥嫩多芽，红匀明亮
一级	肥壮紧结有锋苗	较匀齐	较净	乌褐润，多金毫	甜香浓	鲜醇较浓	红尚艳	肥嫩有芽，红匀亮

（续）

级别	项目							
	外形				内质			
	条索	整碎	净度	色泽	香气	滋味	汤色	叶底
二级	肥壮紧实	匀整	尚净稍有嫩茎	乌褐尚润，有金毫	香浓	醇浓	红亮	柔嫩，红尚亮
三级	紧实	较匀整	尚净有筋梗	乌褐，稍有毫	纯正尚浓	醇尚浓	较红亮	柔软，尚红亮
四级	尚紧实	尚匀整	有梗朴	褐欠润，略有毫	纯正	尚浓	红尚亮	尚软尚红
五级	稍松	尚匀	多梗朴	稍褐稍花	尚纯	尚浓略涩	红欠亮	稍粗，尚红稍暗
六级	粗松	欠匀	多梗多朴片	棕稍枯	稍粗	稍粗涩	红稍暗	粗、花杂

参照国家标准《红茶　第2部分：工夫红茶》（GB/T 13738. 2—2017），中小叶种工夫红茶各等级的感官品质要求见表2-10。

表2-10　中小叶种工夫红茶各等级的感官品质要求

级别	项目							
	外形				内质			
	条索	整碎	净度	色泽	香气	滋味	汤色	叶底
特级	细紧多锋苗	匀齐	净	乌黑油润	鲜嫩甜香	醇厚甘爽	红明亮	细嫩显芽，红匀亮
一级	紧细有锋苗	较匀齐	净稍含嫩茎	乌润	嫩甜香	醇厚爽口	红亮	匀嫩有芽，红亮
二级	紧细	匀整	尚净有嫩茎	乌尚润	甜香	醇和尚爽	红明	嫩匀，红尚亮
三级	尚紧细	较匀整	尚净稍有筋梗	尚乌润	纯正	醇和	红尚明	尚嫩匀，尚红亮
四级	尚紧	尚匀整	有梗朴	尚乌稍灰	平正	纯和	尚红	尚匀尚红
五级	稍粗	尚匀	多梗朴	棕黑稍花	稍粗	稍粗	稍红暗	稍粗硬，尚红稍花
六级	较粗松	欠匀	多梗多朴片	棕稍枯	粗	较粗淡	暗红	粗硬，红暗花杂

3）小种红茶是福建的特产，有正山小种、外山小种和烟小种之分。

正山小种产于福建桐木关一带，也称为桐木关小种或星村小种。正山小种以茶树的芽、叶、嫩茎为原料，经萎凋、揉捻、发酵、干燥（熏松烟）和精制加工工艺制成。

参照国家标准《红茶　第3部分：小种红茶》（GB/T 13738. 3—2012），正山小种产品各等级的感官品质要求见表2-11。

表2-11　正山小种产品各等级的感官品质要求

级别	项目							
	外形				内质			
	条索	整碎	净度	色泽	香气	滋味	汤色	叶底
特级	壮实紧结	匀齐	净	乌黑油润	纯正高长、似桂圆干香或松烟香明显	醇厚回甘显高山韵似桂圆汤味明显	橙红明亮	尚嫩较软有皱褶，古铜色匀齐

（续）

级别	项目							
	外形				内质			
	条索	整碎	净度	色泽	香气	滋味	汤色	叶底
一级	尚壮实	较匀齐	稍有茎梗	乌尚润	纯正、有似桂圆干香	厚尚醇回甘 尚显高山韵 似桂圆汤味尚明	橙红尚亮	有皱褶，古铜色稍暗，尚匀亮
二级	稍粗实	尚匀整	有茎梗	欠乌润	松烟香稍淡	尚厚，略有似桂圆汤味	橙红欠亮	稍粗硬铜色稍暗
三级	粗松	欠匀	带粗梗	乌、显花杂	平正，略有松烟香	略粗、似桂圆汤味欠明、平和	暗红	稍花杂

（3）乌龙茶等级评定　乌龙茶主产地是福建、广东与台湾。因在福建有闽北乌龙和闽南乌龙两种截然不同的风格，所以常有出产于三省四地的说法。乌龙茶可分为闽北乌龙茶、闽南乌龙茶、广东乌龙茶、台湾乌龙茶等。闽北乌龙茶包括闽北水仙、闽北乌龙和武夷岩茶3大类；闽南乌龙茶主要包括铁观音和闽南色种两大类；广东乌龙茶主要包括凤凰水仙、凤凰单丛、岭头单丛、石古坪乌龙等；台湾乌龙茶花色品种有冻顶乌龙茶、文山包种、木栅铁观音、白毫乌龙、金萱、翠玉、四季春等，在外形上有条形、半球形、球形等，在发酵程度上有轻重之分。武夷岩茶、安溪铁观音、凤凰单丛、冻顶乌龙是以上4个区域的典型代表。

1）铁观音以铁观音茶树品种的叶、驻芽、嫩梢为原料，依次经萎凋、做青、杀青、揉捻（包揉）、烘干等独特工艺过程制成，分为浓香型、清香型和陈香型。参照国家标准《乌龙茶　第2部分：铁观音》（GB/T 30357. 2—2013），清香型铁观音各等级的感官品质要求见表2-12。

表2-12　清香型铁观音各等级的感官品质要求

级别	项目							
	外形				内质			
	条索	整碎	净度	色泽	香气	滋味	汤色	叶底
特级	紧结、重实	匀整	洁净	翠绿润、砂绿明显	清高、持久	清醇鲜爽、音韵明显	金黄带绿清澈	肥厚软亮、匀整
一级	紧结	匀整	净	绿油润、砂绿明	较清高持久	清醇较爽、音韵较显	金黄带绿明亮	较软亮、尚匀整
二级	较紧结	尚匀整	尚净、稍有细嫩梗	乌绿	稍清高	醇和、音韵尚明	清黄	稍软亮、尚匀整
三级	尚结实	尚匀整	尚净、稍有细嫩梗	乌绿、稍带黄	平正	平和	尚清黄	尚匀整

参照国家标准《乌龙茶　第2部分：铁观音》（GB/T 30357. 2—2013），浓香型铁观音各等级的感官品质要求见表2-13。

表 2-13　浓香型铁观音各等级的感官品质要求

级别	项目							
	外形				内质			
	条索	整碎	净度	色泽	香气	滋味	汤色	叶底
特级	紧结、重实	匀整	洁净	乌绿润、砂绿显	浓郁	醇厚回甘、音韵明显	金黄、清澈	肥厚、软亮匀整、红边明
一级	紧结	匀整	净	乌润、砂绿较明	较浓郁	较醇厚、音韵明	深金黄、明亮	较软亮、匀整、有红边
二级	较紧结	尚匀整	较净、稍有嫩梗	黑褐	尚清高	醇和	橙黄	稍软亮、略匀整
三级	尚紧结	稍匀整	稍净、有嫩梗	黑褐、稍带褐红点	平正	平和	深橙黄	稍匀整、带褐红色
四级	略粗松	欠匀整	欠净、有梗片	带褐红色	稍粗飘	稍粗	橙红	欠匀整、有粗叶及褐红叶

参照国家标准《乌龙茶　第2部分：铁观音》（GB/T 30357. 2—2013）第1号修改单，陈香型铁观音是以铁观音毛茶为原料，经过拣梗、筛分、拼配、烘焙、贮存五年以上等独特工艺制成的具有陈香品质特征的铁观音产品。陈香型铁观音各等级的感官品质要求见表2-14。

表 2-14　陈香型铁观音各等级的感官品质要求

级别	项目							
	外形				内质			
	条索	整碎	净度	色泽	香气	滋味	汤色	叶底
特级	紧结	匀整	洁净	乌褐	陈香浓	醇和回甘、有音韵	深红清澈	乌褐柔软、匀整
一级	较紧结	较匀整	洁净	较乌褐	陈香明显	醇和	橙红清澈	较乌褐柔软、较匀整
二级	稍紧结	稍匀整	较洁净	稍乌褐	陈香较明显	尚醇和	橙红	稍乌褐、稍匀整

2）单丛是以山茶属茶种茶树单丛品系的叶、驻芽和嫩梢为原料，经适度萎凋、做青、杀青、揉捻、烘干等独特工序加工而成，具有特定品质特征的茶叶产品。单丛产品分为条形单丛和颗粒型单丛。参照国家标准《乌龙茶　第6部分：单丛》（GB/T 30357. 6—2017），条形单丛各等级的感官品质要求见表2-15。

表 2-15　条形单丛各等级的感官品质要求

级别	项目							
	外形				内质			
	条索	整碎	净度	色泽	香气	滋味	汤色	叶底
特级	紧结重实	匀整	洁净	褐润	花蜜香清高悠长	甜醇回甘、高山韵显	金黄明亮	肥厚软亮、匀整

（续）

级别	项目							
	外形				内质			
	条索	整碎	净度	色泽	香气	滋味	汤色	叶底
一级	较紧结重实	较匀整	匀净	较褐润	花蜜香持久	浓醇回甘、蜜韵显	金黄尚亮	较肥厚软亮、较匀整
二级	稍紧结重实	尚匀整	尚匀有细梗	稍褐润	花蜜香纯正	尚醇厚、蜜韵较显	深金黄	尚软亮
三级	稍紧结	尚匀	有梗片	褐欠润	蜜香显	尚醇稍厚	深金黄、稍暗	稍软欠亮

（4）黄茶等级评定　黄茶按工艺可以分为黄芽茶、黄小茶和黄大茶。也可以按照闷黄的先后顺序分为杀青后闷黄、揉捻后闷黄和毛火后闷黄。参照国家标准《黄茶》（GB/T 21726—2018），黄茶根据鲜叶原料和加工工艺不同，分为芽型（单芽或一芽一叶初展）、芽叶型（一芽一叶、一芽二叶初展）、多叶型（一芽多叶和对夹叶）、紧压型（采用上述原料经蒸压成型）4 种。黄茶各等级感官品质要求见表 2-16。

表 2-16　黄茶各等级感官品质要求

种类	项目							
	外形				内质			
	形状	整碎	净度	色泽	香气	滋味	汤色	叶底
芽型	针形或雀舌形	匀齐	净	嫩黄	清鲜	鲜醇回甘	杏黄明亮	肥嫩黄亮
芽叶型	条形或扁形或兰花形	较匀齐	净	黄青	清高	醇厚回甘	黄明亮	柔嫩黄亮
多叶型	卷略松	尚匀	有茎梗	黄褐	纯正、有锅巴香	醇和	深黄明亮	尚软黄尚亮、有茎梗
紧压型	规整	紧实	—	褐黄	醇正	醇和	深黄	尚匀

（5）白茶等级评定　白茶按照花色品种分类，主要有白毫银针、白牡丹、贡眉、寿眉。

1）白毫银针以大白茶或水仙茶树品种的单芽为原料，经萎凋、干燥、拣剔等特定工艺过程制成。参照国家标准《白茶》（GB/T 22291—2017），白毫银针各等级的感官品质要求见表 2-17。

表 2-17　白毫银针各等级的感官品质要求

级别	项目							
	外形				内质			
	条索	整碎	净度	色泽	香气	滋味	汤色	叶底
特级	芽针肥壮、茸毛厚	匀齐	洁净	银灰白富有光泽	清纯、毫香显露	清鲜醇爽、毫味足	浅杏黄、清澈明亮	肥壮、软嫩、明亮
一级	芽针秀长、茸毛略薄	较匀齐	洁净	银灰白	清纯、毫香显	鲜醇爽，毫味显	杏黄，清澈明亮	嫩匀明亮

2）白牡丹以大白茶或水仙茶树品种的一芽一二叶为原料，经萎凋、干燥、拣剔等特定工艺过程制成。参照国家标准《白茶》（GB/T 22291—2017），白牡丹各等级的感官品质要求见表 2-18。

表 2-18 白牡丹各等级的感官品质要求

级别	项目							
	外形				内质			
	条索	整碎	净度	色泽	香气	滋味	汤色	叶底
特级	毫心多肥壮、叶背多茸毛	匀整	洁净	灰绿润	鲜嫩、纯爽毫香显	清甜醇爽、毫味足	黄清澈	芽心多、叶张肥嫩明亮
一级	毫心较显、尚壮、叶张嫩	尚匀整	较洁净	灰绿尚润	尚鲜嫩、纯爽有毫香	较清甜、醇爽	尚黄、清澈	芽心较多、叶张嫩、尚明
二级	毫心尚显、叶张尚嫩	尚匀	含少量黄绿片	尚灰绿	浓纯、略有毫香	尚清甜、醇厚	橙黄	有芽心、叶张尚嫩、稍有红张
三级	叶缘略卷，有平展叶、破张叶	欠匀	稍夹黄片蜡片	灰绿稍暗	尚浓纯	尚厚	尚橙黄	叶张尚软有破张、红张稍多

3）贡眉是以群体种茶树品种的嫩梢为原料，经萎凋、干燥、拣剔等特定工艺过程制成的。参照国家标准《白茶》（GB/T 22291—2017），贡眉各等级的感官品质要求见表 2-19。

表 2-19 贡眉各等级的感官品质要求

级别	项目							
	外形				内质			
	条索	整碎	净度	色泽	香气	滋味	汤色	叶底
特级	叶态卷、有毫心	匀整	洁净	灰绿或墨绿	鲜嫩、有毫香	清甜醇爽	橙黄	有芽尖、叶张嫩亮
一级	叶态尚卷、毫尖尚显	较匀	较洁净	尚灰绿	鲜纯、有嫩香	醇厚尚爽	尚橙黄	稍有芽尖、叶张软尚亮
二级	叶态略卷稍展、有破张	尚匀	夹黄片铁板片少量蜡片	灰绿稍暗、夹红	浓纯	浓厚	深黄	叶张较粗、稍摊、有红张
三级	叶张平展、破张多	欠匀	含鱼叶蜡片较多	灰黄夹红稍葳	浓、稍粗	厚、稍粗	深黄微红	叶张粗杂、红张多

4）寿眉是以大白茶、水仙或群体种茶树品种的嫩梢或叶片为原料，经萎凋、干燥、拣

剔等特定工艺过程制成，各等级的感官品质要求见表 2-20。

表 2-20 寿眉各等级的感官品质要求

级别	项目							
	外形				内质			
	条索	整碎	净度	色泽	香气	滋味	汤色	叶底
一级	叶态尚紧卷	较匀	较洁净	尚灰绿	纯	醇厚尚爽	尚橙黄	稍有芽尖、叶张软尚亮
二级	叶态略卷稍展、有破张	尚匀	夹黄片铁板片少量蜡片	灰绿稍暗、夹红	浓纯	浓厚	深黄	叶张较粗、稍摊、有红张

（6）黑茶等级评定　黑茶是我国传统六大茶类中最有特色的一大类，茶叶初制中有一个特定的微生物发酵过程的毛茶，以及以这种毛茶为原料加工而成的茶，统称为黑茶。黑茶按产地分有湖南黑茶、四川黑茶、湖北老青茶、云南黑茶、广西黑茶。

① 湖南黑茶产品主要有天尖、贡尖、生尖、黑砖、茯砖、花砖、花卷等。湖南黑毛茶鲜叶采制标准分 4 个等级：一级以一芽三四叶为主，二级以一芽四五叶为主，三级以一芽五六叶为主，四级以对夹叶新梢为主。故黑毛茶也分 4 个等级，高档茶较细嫩，低档茶较粗老。

② 四川黑茶有南路边茶和西路边茶两大类，南路边茶有康砖和金尖两种，西路边茶有茯砖茶和方包茶两种。康砖的品质特征为外形呈圆角长方形，表面平整、紧实，洒面明显，色泽棕褐，砖内无黑霉、白霉、青霉等霉菌，内质香气纯正，汤色红褐，尚明，滋味纯尚浓，叶底棕褐稍花。

③ 湖北老青茶主要产于湖北省咸宁地区的蒲圻、咸宁、崇阳等县。其品质特征为砖片形态端正，平整光滑，砖面压有凹文“川”字和凸文“中茶”，并有蒙古文标记，内质香气纯正，汤色橙黄明亮，滋味醇和，叶底暗褐粗老。

④ 云南黑茶指普洱茶中的普洱熟茶，普洱熟茶有散茶和紧压茶之分。散茶按品质分为 11 个等级，其品质特征为外形条索肥硕壮实，色泽褐红，内质汤色红浓，具有独特的陈香，滋味醇和回甘，叶底红亮柔软；紧压茶按外形可分为圆饼形、碗臼形、方形、柱形等多种形状和规格，品质特征要求为外形色泽红褐，形状端正匀称，松紧适度，不起层脱面，内质汤色红浓明亮，香气为独特陈香，滋味醇厚回甘，叶底红褐。

⑤ 广西黑茶名为六堡茶，因其产地在广西苍梧县六堡乡而得名，色泽黑润光泽，汤色红浓，香气陈醇，滋味甘醇爽口，叶底呈古铜褐色，带有松烟香和特殊的槟榔味。

1）花卷茶也叫千两茶，是湖南的名茶，不分等级，参照国家标准《黑茶　第 2 部分：花卷茶》（GB/T 32719. 2—2016），花卷茶的感官品质要求见表 2-21。

表 2-21 花卷茶的感官品质要求

外形	汤色	香气	滋味	叶底
茶叶外形色泽黑褐，圆柱体形，压制紧密，无蜂窝巢状，茶叶紧结或有“金花”	橙黄	纯正或带松烟香、菌花香	醇厚或微涩	深褐，尚软亮

2）湘尖是以安化黑毛茶为原料，经过筛分、复火烘焙、拣剔、半成品拼配、汽蒸、装篓、压制成型、打汽针、凉置通风干燥、成品包装等工艺过程制成的安化黑茶产品。参照国家标准《黑茶　第 3 部分：湘尖》（GB/T 32719. 3—2016），各等级感官品质要求见表 2-22。

表 2-22 湘尖各等级的感官品质要求

等级	外形	汤色	香气	滋味	叶底
天尖	团块状，有一定的结构力，解散团块后茶条紧结，扁直，乌黑油润	橙黄	纯浓或带松烟香	浓厚	黄褐夹带棕褐，叶张较完整，尚嫩匀
贡尖	团块状，有一定的结构力，解散团块后茶条紧实，扁直，油黑带褐	橙黄	纯尚浓或带松烟香	醇厚	棕褐，叶张较完整
生尖	团块状，有一定的结构力，解散团块后茶条粗壮尚紧，呈泥鳅条状，黑褐	橙黄	纯正或带松烟香	醇和	黑褐，叶宽大较肥厚

3）六堡茶是选用苍梧县群体种、大中叶种及其分离、选育的品种、品系茶树的鲜叶为原料，经杀青、初揉、堆闷、复揉、干燥工艺制成毛茶，再经过筛选、拼配、汽蒸或不汽蒸、渥堆、汽蒸、压制成型或不压制成型、陈化、成品包装等工艺过程加工制成的具有独特品质特征的黑茶，分为六堡茶散茶和六堡茶紧压茶。参照国家标准《黑茶　第 4 部分：六堡茶》（GB/T 32719. 4—2016），其散茶各等级感官品质要求见表 2-23。

表 2-23 六堡茶（散茶）各等级的感官品质要求

等级	外形				内质			
	条索	整碎	色泽	净度	香气	滋味	汤色	叶底
特级	紧细	匀整	黑褐、黑、油润	净	陈香纯正	陈、醇厚	深红、明亮	褐、黑褐、细嫩柔软、明亮
一级	紧结	匀整	黑褐、黑、油润	净	陈香纯正	陈、尚醇厚	深红、明亮	褐、黑褐、尚细嫩、柔软、明亮
二级	尚紧结	较匀整	黑褐、黑、尚油润	净、稍含嫩茎	陈香纯正	陈、浓醇	尚深红、明亮	褐、黑褐、嫩柔软、明亮
三级	粗实、紧卷	较匀整	黑褐、黑、尚油润	净、有嫩茎	陈香纯正	陈、尚浓醇	红、明亮	褐、黑褐、尚柔软、明亮

（续）

等级	外形				内质			
	条索	整碎	色泽	净度	香气	滋味	汤色	叶底
四级	粗实	尚匀整	黑褐、黑、尚油润	净、有茎	陈香纯正	陈、醇正	红、明亮	褐、黑褐、稍硬、明亮
五级	粗松	尚匀整	黑褐、黑	尚净、稍含筋梗茎梗	陈香纯正	陈、尚醇正	尚红、尚明亮	褐、黑褐、稍硬、明亮
六级	粗老	尚匀	黑褐、黑	尚净、有筋梗茎梗	陈香尚纯正	陈、尚醇	尚红、尚亮	褐、黑褐、稍硬、尚亮

参照国家标准《黑茶　第 4 部分：六堡茶》（GB/T 32719. 4—2016），其紧压茶感官品质要求为：外形形状端正匀称、松紧适度、厚薄均匀、表面平整，色泽、净度、香气、滋味、汤色、叶底等感官品质对应表 2-23 的规定。

4）茯茶是以黑毛茶为主要原料，经过毛茶筛分、半成品拼配、渥堆、汽蒸、发花、干燥、检验、成品包装等工艺生产的散状黑茶产品，或者以黑毛茶为主要原料经过毛茶筛分、半成品拼配、渥堆、汽蒸、压制成型、发花、干燥、检验、成品包装等工艺制成的条形、圆形等各种形状的成品和此成品再改形的黑茶产品。分为散装茯茶和压制茯茶，压制茯茶又分为手筑茯茶和机制茯茶。参照国家标准《黑茶　第 5 部分：茯茶》（GB/T 32719. 5—2018），散状茯茶各等级感官品质要求见表 2-24。

表 2-24　散状茯茶各等级的感官品质要求

级别	外形				内质			
	条索	整碎	色泽	净度	香气	滋味	汤色	叶底
特级	紧结	尚匀齐	乌黑、油润、金花茂盛、无杂菌	净	纯正菌花香	醇厚	橙黄或橙红尚亮	黄褐、尚嫩、叶片尚完整
一级	尚紧结	匀整	乌褐尚润、金花茂盛、无杂菌	尚净	纯正菌花香	醇和	橙黄尚亮	黄褐、叶片尚完整

参照国家标准《黑茶　第 5 部分：茯茶》（GB/T 32719. 5—2018），压制茯茶各等级感官品质要求见表 2-25。

表 2-25　压制茯茶各等级的感官品质要求

类别	外形	内质			
		香气	滋味	汤色	叶底
手筑	松紧适度，发花茂盛，无杂菌	纯正菌花香	醇正	橙黄明亮	黄褐，叶片尚完整
机制	松紧适度，发花茂盛，无杂菌	纯正菌花香	醇和	橙黄尚亮	黄褐，叶片尚完整

2.1.4 常用茶具质量识别

“水为茶之母，器为茶之父”，茶因水而生，茶水依附器而得以润泽，器则因茶水而备受青睐。明代许次纾在《茶疏》中说：“茶滋于水，水藉于器。”优雅的茶具可提高品茶的色香味，更重要的是提升雅趣茶兴。古人品茶颇为讲究，陆羽《茶经》中提出了煮茶二十四器，诸如风炉、火夹、碾、瓢、碗、畚、巾等。发展至今，泡茶用具已大为简化，但要真正泡好茶还得配置一定的茶具。现代茶具种类很多，按材料质地不同分为陶土茶具、瓷器茶具、玻璃茶具、漆器茶具、搪瓷茶具、竹木茶具、金属与玉石茶具等。

1. 瓷器茶具质量鉴别

瓷器以长石、高岭土、石英为原料，经1300℃左右高温烧制而成，可上釉可不上釉。瓷器质地坚硬致密，表面光洁，薄者可呈半透明状，敲击时声音清脆响亮，吸水率低。瓷器是中国的发明，滥觞于商周，成熟于东汉，发展于唐代。瓷脱胎于陶，初期称“原始瓷”，东汉才烧制成真正的瓷器。瓷器茶具的品种很多，其中主要的有：青瓷茶具、白瓷茶具（图2-77）、黑瓷茶具和彩瓷茶具。这些茶具在我国茶文化发展史上，都曾有过辉煌的一页。对瓷器茶具质量的鉴别可从器型、工艺、釉色、韵味4个方面着手。

图2-77 白瓷茶具

（1）器型 器型首先要端正、端庄。瓷器茶具的器型有两大类，一类是几何造型，另一类是拟物造型。几何造型有方形、圆形、柱形等；拟物造型有人体造型、动物造型，也有植物造型和山石及器物造型。不论哪种造型的茶器，都要求端正平衡。器型有巧拙之分，审美趣味不同，不可强求。但是，不管哪种器型都应该方便实用，如果一味追求造型奇异，不讲究实用，会影响茶艺过程的节奏感。作为一般招待使用的茶碗，要求器型稳重。有些斗笠碗圈足部分太小，看着很美，但遇到粗心的客人时，很容易被碰翻，所以要谨慎选用。

（2）工艺 瓷器茶具要求触手光润，无论口沿、圈足都不可粗糙，口沿粗糙会影响饮茶时的触感，圈足粗糙除了触感不佳，还会在桌面上留下划痕。常有商家以手工为由为做工粗糙的茶器狡辩，但无论如何的手工，茶器作为饮食用的器具都必须顾及使用的舒适感。比如北宋的定窑白瓷，因为覆烧工艺而形成茶碗沿口不光滑的特点，当时的工匠通过包金包银的工艺解决了这个缺点。如果是成套的茶杯，杯的大小与形状应该一致。瓷壶一般不太要求盖口密封性好，但也应尽可能做得紧密。瓷器茶具中，白瓷茶具通常以轻坚为上，但其他大部分茶具还是以厚重为上的。彩瓷的使用以釉下彩与釉中彩为宜，釉上彩更美观，但因彩料有毒性，不宜用作饮食器。其他如不破不裂不漏水，都是茶具的基本要求。用中指和食指的指尖轻轻叩击茶具表面，听其发出的声音，一般瓷化程度好的、无损伤的瓷器，敲击时的声音应清脆悦耳，而质量较差的茶具则声音相对沉闷沙哑。要亲手抚摸茶具表面，质量好的瓷质茶具釉面光滑而不涩，手感柔滑细腻。

（3）釉色　上釉是瓷器最主要的特点。釉色要求明净沉着，上釉要均匀润泽。陆羽在《茶经·四之器》中说“碗，越州上”“越瓷类玉”“越窑类冰”“越瓷青而茶色绿……青则益茶”（图 2-78），这里说了瓷器釉色的 3 个要点：类玉，指瓷器给人的温润感；类冰，指釉色的明净度；益茶，指釉色对茶汤的颜色要有所衬托。在后代茶器发展中，益茶是非常重要的评价指标，宋代后逐渐流行的建盏是因为能衬托点茶的白色泡沫；明代人认为白瓷优于青花，是因为青花茶碗影响观赏茶汤与茶叶。现代瓷器茶具的釉色要求色正，影青、梅子青、甜白釉、粉青、霁蓝、青花等都要求特点鲜明，若釉色花杂不纯或浮艳，均不是好的釉色。选购纯色瓷器时，首先观察瓷器釉面是否平整光滑，有没有斑点、落渣、缩釉等；购买彩瓷茶具时，应该看釉色是否均匀，色彩是否和谐，花纹的线条是否连贯；选购套组瓷质茶具时，除了仔细观察每一件瓷器以外，还应该观察整套茶具的釉色、花纹、光泽度是否协调一致，把整套茶具放在同一水平面上，看整体是否周正平稳。

（4）韵味　美妙的釉色会带给人美好的视觉享受，越瓷的类玉类冰说的也是这种韵味。唐代流行青瓷（图 2-79），在各种青瓷中，晚唐贡品“秘色瓷”被赞为“夺得千峰翠色来”；宋代五大名窑“官、哥、汝、定、钧”各有风采，汝窑温润冲淡是中国传统美学的巅峰，哥窑的开片瓷（图 2-80）则另辟蹊径，把一种克制的残缺美呈现在人们眼前；建盏（图 2-81）打开了中国茶具审美的一个新的空间，把民间茶器的朴拙上升为顶级的美，对日本的茶器审美产生了极大的影响。韵味更多时候是一种艺术感觉，对它的理解与区域文化及茶人自身的文化相关。由于影响观赏茶汤，在现代茶艺中，黑釉瓷器宜用作水盂、壶承或煮水壶、泡茶壶，但不宜用作品茗杯了。

2. 陶器茶具质量识别

陶器是用黏土烧制的用具。由于黏土中各种金属氧化物的含量不同，以及烧成环境与条件的差异，可呈现红、褐、黑、白、灰、青、黄等不同的颜色。陶器有许多种，如江苏的紫砂陶瓷、广东的石湾陶、山东的博山陶、安徽的阜阳陶、广西的钦州陶等。

图 2-78 越窑青瓷莲花口茶盏

图 2-79 青瓷茶盏

图 2-80 哥窑开片瓷盖碗

图 2-81 建窑描金茶盏

（1）材料 宜兴陶土分布于江苏宜兴南郊丘陵地带，种类繁多。当地一般把陶土分为白泥（灰白色粉砂质铝土质黏土）、甲泥（紫色为主的杂色粉砂质黏土）、嫩泥（土黄、灰白色为主的杂色黏土）3 大类，俗称“五色土”。紫砂矿的分布并不止于宜兴，在浙北长兴的鼎甲桥、顾渚、新槐一带也有这 3 种泥，系同一矿脉，只是有山阳、山阴之分。另外，钦州陶的材料也属于这一类。紫砂制品的色泽及肌理效果，充分显示了紫砂陶土的美感潜质。

（2）器型 陶器茶具的造型大致可以归纳为仿生型、几何型、艺术型、特种型 4 大类。陶器茶具以宜兴紫砂制作最为经典，各地陶壶多有仿制。

1）仿生型仿照树木、花卉的枝干、叶片、果实，以及动物形体制作。此类茶具做工精巧，结构严谨，以仿真见长，富有质朴、亲切之感。作品如扁竹壶、龙团壶、樱花壶、玉兰壶、鱼化龙壶、南瓜壶等。

2）几何型根据球形、圆柱形、正方形、菱形等立体几何图形制作。此类茶具外形简朴无华，表面平滑，富有光泽，常见的有圆壶、八角壶、六方壶、直腹壶、潘壶、汉方壶等。

3）艺术型一般由文人设计、陶匠制作，曼生壶（图 2-82 所示的井栏壶为曼生十八式之一的作品）是其代表作。此外，还有玲珑梅芳壶、加彩人物壶、春风如意壶、什锦壶、浮绘山水茗具（包括壶和杯）等。此类茶具造型多变，富有想象力，或集书画、雕塑、诗文于一体，通体给人以一种艺术的享受。

图 2-82　井栏壶

4）特种型专为特种茶类的烹饮或特殊饮茶方法而制作，如福建、台湾、广东人啜乌龙茶用的茶具，它始于清代，古色古香，人称“烹茶四宝”。其中汕头风炉，小巧玲珑，用来生火烧水；玉书碨，是一把烧水壶，呈扁形，为赭褐色，朴素淡雅；孟臣罐，本是一把容量为 50~100 毫升的茶壶，小的如旱橘，大的若香瓜；若琛瓯，是一种小得出奇的杯子，只有半个乒乓球大小，仅能容纳 4 毫升茶水。通常将 4 只若琛瓯（杯）与 1 个孟臣罐（壶）一起放在一只茶盘中。

此外还有许多是混合型的。对于茶人来说，造型的艺术性还是应该让位于实用的便利性。各种器型当中，平平无奇的水平壶因为使用方便，从清代开始就一直受到人们的喜爱。

（3）色泽　陶土色泽属于暖色系统，古朴沉稳，色相变化微妙。矿土分布及调配方法的不同，烧成时温度的不同，可使天青泥呈暗肝色，蜜泥呈淡赭石色，石黄泥呈朱砂色，梨皮泥呈冻梨色等，还可通过不同质地紫泥的调配，使之呈现古铜、淡墨等色。优质的原料、天然的色泽，为烧制优良紫砂茶具奠定了物质基础。紫砂的泥主要有紫泥、绿泥和红泥 3 种。紫泥应紫里泛青、泛红；红泥应红而不艳；本山绿泥应黄里发青。由于泥料的配比不同，还可以得到朱砂紫、栗色、海棠红等颜色，故而紫砂泥也称“五色土”。

3. 玻璃器茶具质量识别

玻璃器因其质地透明，光泽夺目，可塑性大，且价格低廉，购买方便，越来越受到人们的喜爱。在众多的玻璃茶具（图 2-83）中，以玻璃茶杯最为常见，用它泡茶，茶汤的鲜艳色泽，茶叶的细嫩柔软，茶叶在整个冲泡过程中的上下浮动，叶片的逐渐舒展等，可以一览无余，可说是一种动态的艺术欣赏过程。特别是冲泡各类名茶，茶具晶莹剔透，杯中轻雾缥缈，澄清碧绿，芽叶朵朵，亭亭玉立，观之赏心悦目，别有风趣。

图 2-83 玻璃茶具

4. 金属茶具质量识别

金属在茶具中的应用并不太广。从材质上来说，主要有金、银、铜、铁、锡、铝、不锈钢等；从器型上来说，壶、杯、盘、托都有，但以煮水壶最为常见。

（1）铜壶 美观、耐用，从传热效果来说，铜壶是所有材质中最好的。但它也有一个缺点，就是容易产生铜锈（铜绿）。虽然一些老茶馆，至今还在沿用铜壶，但从安全角度来说，铜属于重金属，使用不当和过多摄入铜还会导致铜中毒，对人体健康产生影响。

（2）不锈钢壶 按组织结构可以分为奥氏体、铁素体、马氏体等几大类。不锈钢无论是美观度还是其坚固无比的“身段”和安全环保、容易清洗的特性都堪称最佳材质。

（3）铁壶 朴实厚重，通过铸造技艺，加之制造者的艺术造诣，形成铁壶特殊的文化含义，可用于日常煮水，亦可作为艺术品收藏。

（4）金银壶 金银作为贵重金属，在茶器中更多是体现茶席、茶会的档次。民间传说银壶煮水有改善水质的作用，这是没有依据的。从器型上来说，金银壶与其他壶的要求并无不同，都要求端正易持。从保养的角度来说，金银壶不易氧化，只要经常擦拭就可以。金银壶一般做得比较薄，在使用时易磕碰变形。

（5）锡茶罐 古人说“茶宜锡”，明朝时锡茶壶曾与紫砂壶齐名，但锡器易氧化，美观度不足，所以现在锡茶壶已不多见，但锡茶罐可以使用。锡矿常与铅矿共生，因而锡器大多因含铅而颜色暗黑，这类锡茶罐不适合贮存茶叶。在选择锡罐时，要求色白如银，密封性好。

2.1.5 茶艺冲泡台的布置

茶艺冲泡台应根据茶艺馆经营的需要进行布置。茶艺馆的茶艺冲泡台有3种类型，表演型、服务型和自助型。不同类型的冲泡台上茶具的布置也各不相同。茶具组合及摆放是茶席布置的核心，一切茶具组合都是为茶服务的。在实用性的基础上，尽可能做到兼顾艺术性。

1. 冲泡茶具的选择

（1）根据茶性及茶叶产地选择茶具　乌龙茶相对粗枝大叶，要求用沸水冲泡，宜以保温性能好的紫砂壶为核心组合茶具，若是为了审评茶叶或促销茶叶，则不宜用紫砂壶，最好选择盖碗，因为盖碗出汤快，可以更加精准地控制冲泡时间；冲泡高档的绿茶，要求展示茶形美和汤色美，宜选用玻璃杯冲泡；红茶要在较宽松的壶中冲泡才能充分舒展开，所以宜选用容量较大的瓷壶或紫砂壶冲泡；冲泡花茶、八宝茶宜选用盖碗，更能体现出花茶的鲜灵。

（2）根据茶艺所反映的主题内容选择茶具　表演型茶艺有时代、地域、民族风情等要求，茶具一定要选与之相匹配的。同为工夫茶，福建工夫茶与潮汕工夫茶的茶具不完全一样；北方的八宝茶、花茶，还有众多少数民族的茶艺，都有自己独特的茶具。

2. 表演型冲泡台的布置

表演型茶台是茶艺馆向顾客展示茶艺的平台，茶艺师在这里完整地演示茶艺的每一个流程。早期的表演型茶台是湿泡台，近些年来干泡台开始流行，但湿泡台因为操作方便，在很多茶馆里依然使用，湿泡台上的茶艺程式也是茶艺操作考试的内容。

（1）湿泡法茶席冲泡台的布置　湿泡，顾名思义，就是冲泡时，茶盘可以是湿的。湿泡时，桌面上放一张占据桌面一半大小的茶盘，将盖碗、公道杯、茶盂、茶杯，全部摆在茶盘上。茶汤可以直接淋在茶盘上，洗茶、倒茶的动作可以大一点，茶汁洒出来也不用管会，茶盘的下水系统能迅速将这些水分排入下桶中。可以说，湿泡是更加传统的一种工夫茶冲泡方式。

冲泡台通常是一张长条桌，八仙方桌也可以。桌子中间放一张带水仓的茶盘，茶盘的右侧是煮水的随手泡和盛茶渣与废水的水盂，左侧放的是茶道工具组、茶叶罐和小茶托。茶盘上放着泡茶用的壶或盖碗，还有品茗杯、公道杯等。茶盘上茶具的摆放兼顾合理与美观，从顾客的角度看要疏密适度，从茶艺师的角度看要方便操作。用盖碗还是茶壶作为主泡器具也看茶艺的类型和茶艺师的习惯。

（2）干泡法茶席冲泡台的布置　与湿泡相对应的是干泡，指在泡茶的过程中，除了水壶、水盂、盖碗和公道杯中是有水的，其他地方都是干的。无论茶盘还是桌面，都要求是干燥的，即使漏了一滴茶渍，也要马上用茶巾擦干净。干泡法，撤掉了原来那种庞大的茶盘，把茶桌的空间留出来了，也留出了茶席布置的空间。

3. 服务型冲泡台的布置

服务型茶台是茶艺师直接为顾客提供泡茶服务的平台，顾客就坐在茶台的周围。中小型茶会的冲泡台是服务型与表演型的结合。首先要准备可容纳 15 人左右的一个长方形茶桌，在其中一端设置一个表演型的茶台。在茶桌的中间铺一条桌旗，并在上面用花草和果碟布置装饰。因为桌子比较大，所以桌上应该放置多个水盂或渣斗。茶会上饮茶人多，应该选择大容量的煮水壶与泡茶壶，并准备多个公道杯来为顾客分茶汤。

4. 自助型冲泡台的布置

自助型冲泡台是由顾客自己操作的，茶艺师只是做些备水、清理工作。不同于专业人员，大多数顾客对于茶具的使用并不熟练，因此，一些有操作难度的茶具，如盖碗、较重的铁壶、操作复杂的电加热设备等都不宜出现在冲泡台上。

自助型冲泡台上布置的茶具越简单越好，泡茶工具以茶壶为宜，茶壶容量在150~180毫升；品茗杯宜选择放置平稳的；桌上应备有1~2个水盂或渣斗，供顾客盛废水及果壳等杂物；不要用贵重的茶具及装饰品，以免顾客不小心打破。桌上的果碟及水盂要经常清理。

2.2 茶艺演示

茶艺演示的目的是为顾客泡一杯好茶，在此基础上展现茶艺馆的文化与风采。要沏好茶，饮好茶，并非是件易事。我国有上千种茶叶，不同的茶类，不同的制造工艺，有不同的沏茶方法，就连季节环境有别，泡茶方法也不一样。所以，同一种茶，由不同的人冲泡，会呈现不同的结果。

2.2.1 茶艺冲泡的要素

泡茶时，需根据不同的茶，选择不同的器具和冲泡方法。冲泡方法中，包含了茶水比例、冲泡水温、冲泡时间3个要素，简称泡茶三要素。冲泡时间不仅指泡到适当浓度所需要的时间，还包括某些冲泡方法下的冲泡次数和每次需要冲泡多长时间。

1. 茶水比例

不同类别的茶叶、不同的器具及饮茶者不同的饮用习惯，致使投茶量均有差异，如果投茶量大而水少，茶汤会过分浓厚。反之，茶叶少而水多，滋味就会淡薄。茶水比例的任何变化，都会引起茶汤香气、滋味、汤色的改变。绿茶类、白茶类、黄茶类、红茶类这4类茶的茶水比常规为1∶50，即1克茶，冲水50毫升左右。如冲泡容器为100~150毫升，则需要投2~3克茶。细嫩的名优茶或原料较粗老的茶用量也是不同的。

乌龙茶的茶水比是所有茶类中最大的，常规为1∶20，即1克茶，冲水20毫升左右。乌龙茶有不同的外形，球形或半球形的乌龙茶投茶量大致是壶或盖碗的三四分满，条形的乌龙茶甚至会达到壶或盖碗容积的七八分满。

黑茶分为紧压茶和散茶两种形态，建议茶水比均为1∶40，即1克茶，冲水40毫升左右。边疆人饮用的黑茶，多为紧压茶，他们喝茶主要是补充水分、热量和维生素，且一般都要添加奶制品和其他配料，所以普遍喜欢把茶熬煮得很浓。

如果冲泡的是浸出速度很快的碎茶，这种多为一次性沏茶，投茶量要减少一半，通常1克茶可冲开水70~80毫升。

中老年人往往比年轻人饮茶浓一些，男性比女性要浓一些，有的人喜欢喝淡茶，有的人喜欢喝浓茶，只要在不把茶泡坏的前提下，可以依据不同人的口味作适当调整。喜欢淡茶就少放些，喜欢浓茶就多放些，但不建议常饮浓茶，对身体刺激性较大，影响健康。

2. 冲泡水温

冲泡的水温越高，茶汁就越容易浸出，反之，茶汁的浸出速度就慢。冲泡茶叶的水温，与茶的类别、形状、原料老嫩等有关。根据茶类和原料嫩度不同，归纳如下：

（1）绿茶　名优绿茶一般以80~85℃的水冲泡为宜，茶叶越嫩，冲泡水温越低，这样泡出的茶汤嫩绿明亮，滋味鲜爽，维生素C也较少破坏。如果水温过高，茶叶“烫熟”了，茶汤变黄，茶中咖啡因容易浸出致使滋味变苦，维生素C大量破坏。中低档的大宗绿茶，则要用95~100℃的水冲泡。近年来，兴起了“高水温、多投茶、快出汤、茶水分离、不洗茶”的冲泡方法，简单易行，但茶叶消耗量较大。可见，随着饮茶方式的多样化，冲泡的要求也有多样的发展与变化。

（2）白茶　近年来饮白茶的人越来越多，白茶的冲泡温度，与白茶的品类有着密切关系。白毫银针茶芽肥壮柔嫩，所以水温不宜过高，90℃左右即可。冲泡时，热水不可直冲茶芽，应当沿杯壁入冲，这样既不会损伤茶芽品相，又能避免茶芽大量脱毫造成茶汤变浊，影响汤色和美感。白牡丹冲泡时水温不可过低，低则茶味难出，水温若是太高，则又会伤及茶芽，最好控制在90~95℃。贡眉、寿眉、老白茶、紧压白茶冲泡时建议用95~100℃的水，而且可以多泡一会儿，这样才能充分品尝到茶的醇厚浓郁。

（3）黄茶　分为黄芽茶、黄小茶和黄大茶，黄芽茶和黄小茶是用比较嫩的茶叶炒制的，因此冲泡的水温不能过高，其中黄芽茶可选用85~90℃的水来冲泡；黄小茶可选用90~95℃的水进行冲泡；黄大茶梗叶相连，可选用沸水冲泡，还可以用锅进行熬煮。

（4）乌龙茶　乌龙茶是采摘含有驻芽的二、三叶新梢，经过加工而成。投茶量较大，且原料与绿茶相比并不细嫩，故需要用95℃及以上的水冲泡，尤其是第一泡更是如此。如水温较低，则茶香不能充分散发出来，香气暗哑，滋味淡薄。

（5）红茶　原料细嫩的红茶可用85℃的水冲泡，原料较为粗老的红茶就要用95~100℃的水冲泡，否则内质不容易析出。金骏眉适宜用85~90℃的水温冲泡；滇红金毫芽茶适宜用100℃的沸水冲泡；广东英德高级英红，既可以85℃水冲泡，也可以100℃水冲泡，但是沸水冲泡手法要快，不能等，否则茶叶内质析出太多，茶汤太浓，就不能恰到好处地产生醇、滑、甜、香、糯的口感。红茶的冲泡，建议在一定投茶量前提下，各种水温冲泡都进行尝试，找出适合自己口感的最佳冲泡温度，也是积累冲泡实践经验的一个办法。

（6）黑茶　黑茶原料粗老，适合用100℃的水冲泡。少数民族所饮用的黑茶，大部分是紧压茶，由于压得比较紧实，即使用刚沸腾的开水冲泡，也很难将其泡开，所以常常将紧压茶捣碎成小块，再放入锅内，用沸水煮后再加奶、糖、盐等进行调饮。

3. 冲泡时间

茶叶冲泡后，最先浸提出来的是维生素、氨基酸和茶碱。到2~3分钟时，上述物质已有较高的含量，这时品饮茶汤有鲜爽、刺激的感觉。随着时间的推移，茶多酚、脂多糖等浸出物含量逐渐增加，浓醇味随之上升。

泡茶切忌忽浓忽淡，应该慢慢地浓起来，再慢慢地淡下去。泡茶的次数多了，会慢慢培养出泡茶时间的感觉，每款茶多长时间出汤，凭的是经验和个人口味喜好。即使同一款茶，不同的冲泡时间，展现出的口感也有很大不同，很难一概而论归纳出精确时间。

1）细嫩绿茶、黄芽茶、细嫩红茶，这3类茶的冲泡时间大致相当。由于原料较嫩，茶汁容易浸出，所以首泡时间为20秒，此后根据口感调整时间依次递增5~10秒。

2）大宗绿茶、黄小茶、花茶，往往用杯泡，头泡茶以40~60秒为宜，当杯中还剩下1/3茶汤时，再续水，以此保证一杯茶的浓淡前后相对一致。

3）白茶不炒不揉，滋味鲜醇。白毫银针第一泡冲泡20秒出汤，往后每泡可延长5秒左右。白牡丹第一泡冲泡25秒出汤，往后每泡可延长5秒左右。贡眉、寿眉、老白茶和紧压白茶，第一泡冲泡20秒出汤，第二泡冲泡10秒，往后每泡可延长5秒左右。白茶口感无刺激性，具体可根据自己的口感喜好进行调整。

4）铁观音或台湾乌龙茶，多用小紫砂壶，茶量多，先用沸水温润一下，马上倒出，这样能使之后的第一泡茶更充分地浸出味道，第一泡20~40秒倒出，然后每多一泡加15秒。稍稍增加冲泡时间，是为了前后茶汤浓度相同。另外，一般水温高，用茶多，冲泡时间宜短；水温低，用茶少，冲泡时间宜短。实际操作中应按饮茶者口味调整。

5）闽北乌龙、广东乌龙、传统红茶的冲泡时间相似。闽北乌龙与红茶一般都是10秒内出汤，第二泡开始，每次应比前一次增加5秒左右，再行出汤。广东乌龙相对耐泡些，前3泡都是10秒内出汤，之后每次增加5秒。

6）黑茶冲泡差异较大。散装的熟普与六堡茶在冲汤包时经过1~2次洗茶，然后前3泡10秒内出汤，后面每次冲泡增加5秒。紧压茶洗茶后的第一次冲泡时间为10~20秒，以后每一泡递增5秒。

2.2.2 几大茶类冲泡实例

1. 绿茶的冲泡演示程序——以龙井茶为例㊀

主要器具：玻璃杯。

㊀ 扫封底二维码看视频（视频中用的是上投法）。

选用茶叶：西湖龙井。

置茶方法：中投法。

程序及解说如下。

西湖龙井距今有1200多年历史，它以“色绿、香郁、味醇、形美”四绝位列我国十大名茶之首。在冲泡时宜采用中投或下投法，这里采用中投法来冲泡西湖龙井。

（1）点香——焚香静心　通过一缕袅袅轻烟，让表演者和观赏者能缓和气息，摈除杂念，进入一种宁静而祥和的心境中。

（2）洗杯——冰心去凡尘　茶吸收了日月之精华，至纯至洁，泡茶所用的器皿也必须至清至洁。“冰心去凡尘”，即泡茶人怀着宁静的心情，用开水再烫洗一遍本来就干净的玻璃杯，做到茶杯冰清玉洁，一尘不染，以示对客人的尊重。

（3）凉汤——玉壶太和　西湖龙井原料细嫩，若用滚烫的沸水直接冲泡，会破坏茶芽中的维生素并造成熟汤味，所以在冲泡高级龙井茶时，只宜用85℃左右的开水。“玉壶太和”即把开水壶中的水预先倒入瓷壶养一会儿，使水温降至85℃左右，这样的水才能泡出色、香、味俱佳的茶。

（4）润茶——甘露润莲心　“何必凤团夸御茗，聊因雀舌润心莲”，清代乾隆皇帝把龙井称为“润心莲”。“甘露润莲心”即在开泡前先采用“回旋注水法”，就是执瓷壶逆时针或顺时针向杯中注入1/3的水，然后投入茶叶。绿茶的标准茶水比例为1∶50，即1克绿茶冲入50毫升水。双手拿杯向逆时针方向转动3圈，温润的目的是浸润茶芽，使干茶吸水舒展，为将要进行的冲泡打好基础。此动作时间掌握在1分钟以内。

（5）冲水——凤凰三点头　冲泡龙井茶时执瓷壶有节奏地三起三落。先高提水壶，让水直泻而下，接着利用手腕的力量，上下提拉注水，反复三次，让茶叶在水中翻动，水至茶杯总容量的七成满为止。凤凰三点头不仅是为了体现冲泡者的姿态优美，更是我国传统礼仪的体现。瓷壶三上三下寓意对嘉宾鞠躬行礼，是对客人表示敬意。

（6）奉茶——敬奉香茗　客来敬茶是我国的礼仪习俗。

冲泡者起身，面带微笑，欠身双手将精心泡制的清茶奉给客人，茶杯摆放的位置以方便客人取饮为宜，茶放好后行伸掌礼并说声“请品茶”。

（7）赏茶——春波展旗枪　杯中的热水犹如春波荡漾，龙井茶芽在热水的浸润下，慢慢地变得饱满舒展开来，重新充满生机。尖尖的叶芽如枪，展开的叶片如旗，上下沉浮，矗立在杯中交错相映。一芽一叶的称为“旗枪”，一芽二叶的称为“雀舌”，直直的茶芽称为“针”，弯曲的茶芽称为“眉”。在品龙井茶之前，先观察在清碧澄净的茶水中，千姿百态的茶芽在玻璃杯中翩翩起舞的仙姿，十分生动有趣。

（8）闻茶——辨香识茶韵　西湖龙井是茶中珍品，在欣赏了“春波展旗枪”之后，要闻一闻茶香。龙井茶香气嫩香馥郁、清幽淡雅。

（9）品茶——淡中品至味 清代茶人陆次云在品过西湖龙井后，发出肺腑之言：“龙井茶，真者甘香而不洌，啜之淡然，似乎无味，饮过之后，觉有一种太和之气，弥沦于齿颊之间，此无味之味，乃至味也。”

品西湖龙井要细吸缓咽。先轻轻啜上一口，含在口中，边吸气边使茶汤从舌尖沿舌头两侧来回旋转，然后滑入咽下，去细细体会，慢慢领悟茶汤中至清、至醇、至真、至美的韵味。

（10）谢茶——有缘再聚 我们的龙井茶茶艺表演到此告一段落，接下来请大家继续慢品细啜，去感受大自然带给我们的妙曼情韵。

2. 黄茶冲泡演示程序——以君山银针为例㊀

主要器具：玻璃杯。

选用茶叶：君山银针。

置茶方法：中投法。

程序及解说如下。

君山银针等黄芽类黄茶采用单芽加工制成，是一种以观赏为主的茶类，冲入水后，茶叶会在杯中一根根垂立踊跃上冲，浮在水面上层，而后茶芽吸水下沉，芽尖会产生晶莹的小气泡，犹如雀舌含珠，在气泡的作用下，茶芽会三浮三沉，最后簇立杯底，犹如刀枪林立，又如雨后春笋，变化多端。为了观赏这一奇特“茶舞”，宜选用透明玻璃杯冲泡，玻璃杯高10~15厘米，口径为4~6厘米。

（1）备具 茶盘1个，根据客人人数定的透明玻璃杯（以3只玻璃杯为例），茶叶罐、煮水器、茶荷各1个，茶道组1套，茶巾1张，水盂1个。

（2）布具 以茶艺表演者为定点，入座后的正前方摆放茶盘，距离桌边一到一拳半的距离，3只玻璃杯在茶盘上以“品”字、倒立“品”字或沿茶盘的对角线依次杯口朝下排开。茶盘正下方摆放茶巾，茶巾折口朝向茶艺表演者。茶艺表演者的右边摆放煮水器，煮水器距茶盘约两拳的距离，壶嘴朝向茶盘，煮水器和茶盘之间的空隙上方摆放茶艺六君子。茶盘左边摆放茶荷和茶叶罐，茶荷正上方摆放水盂，水盂与茶艺六君子处在一条直线上。所有器具摆放完毕后都必须处于茶艺表演者伸手可触的范围，若不能可自行调整。器具上所有印花的一面都要朝向客人，而尖锐之物避免朝向客人。

（3）备水 将泡茶用水装于煮水器中烧至100℃再倒入瓷壶或公道杯晾至需要的温度。一般而言，茶叶原料细嫩、松散的要比原料粗老、紧实的茶汁浸出快，所以冲泡水温应低。以细嫩芽叶为原料的黄茶冲泡温度应为85~90℃，如蒙顶黄芽、霍山黄芽等。君山银针虽也为黄茶，但在追求口感享受的同时更注重它的观赏价值，如果温度过低，肥壮而茸毛密实的

㊀ 扫封底二维码看视频（视频为下投法）。

茶芽很难迅速吸水竖立并下沉；温度过高会导致口感涩味加重，所以冲泡君山银针温度建议为 85℃。黄大茶如广东大叶青、霍山黄大茶等均采用一芽三四叶，甚至是一芽五叶的粗大新梢加工而成，所以建议煎煮饮用。

（4）赏茶　由于君山银针不属于细嫩弯曲易碎的茶叶，所以可以采用茶则舀取茶叶入茶荷。双手将茶荷放置于茶巾上方，再双手拿取茶叶罐，托住茶叶罐的两边，将茶叶罐上印有图案及文字的一面朝向客人，双手拇指和食指同时用力向上推盖。当罐盖松动后，将罐盖开口朝上放在茶盘左侧。左手横握已开盖的茶叶罐，右手以拇指、食指、中指和无名指 4 指捏住茶则柄从茶道筒中取出，伸进茶叶罐中，手腕向内旋转舀取茶叶，左手配合向外旋转手腕令茶叶疏松易取。黄茶的投茶量与绿茶相仿，茶水比例为 1∶50，即 1 克黄茶冲入 50 毫升水。日常黄茶的每杯投茶量为 3 克，所以水量应控制在 150 毫升左右。取用足量后右手将茶则轻轻放回茶道筒中，扣好茶叶罐盖，双手将茶叶罐复位。双手虎口张开用拇指、食指和中指拿起茶荷至胸前，沿着由左向右展示一圈最后回至胸前的轨迹请客人欣赏茶叶的外形和颜色，然后放回茶盘左侧。在取茶示茶的过程中可以根据需要用简短的语言介绍一下君山银针的品质特征和文化背景，以激发品茶者的兴趣。

（5）温杯洁具　用以清洁杯具和提高杯子的温度，激发茶叶的香味。此步骤与绿茶玻璃杯温杯洁具相同。

（6）置茶　用茶匙将茶荷中的茶叶缓缓拨入温好的玻璃杯中，每杯的置茶量应相当。

（7）温润泡　杯中注水，水至杯容量七成满的 1/3 处。双手拿玻璃杯至胸前，左手托杯底，右手拿住杯子上半部分，但不能接触杯口，杯口倒向自己按逆时针方向缓缓旋转，让茶叶与水充分接触，让茶的内含物能够浸出，时间为 1 分钟。

（8）冲泡　执煮水器采用“凤凰三点头”注水法高冲低斟反复 3 次至杯容量的七成满，既表示对客人的欢迎，也让芽叶在水中翻腾吸水。

（9）奉茶　将茶礼貌地端给客人饮用。

（10）品饮　君山银针茶汁杏黄，香气淡雅，滋味清醇鲜爽，杯中景致奇妙变幻，带来一种清新、平和的美感。待“茶舞”停止，就能品饮了。

（11）收具　品饮完毕将茶具收拾到盘中撤回。

3. 乌龙茶冲泡演示程序——以安溪铁观音为例㊀

六大茶类中，乌龙茶的冲泡最为讲究，冲泡程序最为繁复，多为工夫茶泡法。乌龙茶的冲泡，对香气、口感要求较高，一般茶水比为 1∶20 左右，水温为 95℃以上，以催发茶叶香气。因茶水温度高，一般冲泡时间宜短。乌龙茶冲泡次数可达六七次，甚至更多，多次冲饮后仍有余香。

㊀ 扫封底二维码看视频。

程序及解说如下。

安溪乌龙茶茶艺源于民间工夫茶，在器具选择及技艺展示上，应因地制宜，既遵循民间习俗又能展示茶艺特点。

（1）神入茶境 茶艺演示时应更衣净手，配以适宜的仪容仪表，备好茶具，并播放与即将冲泡茶叶相配的传统茶乐（铁观音可播放南音名曲），以平和愉悦的心境进入到表演氛围中。

（2）孔雀开屏 即将整套茶具有序地摆放到茶桌上，并向客人一一介绍。安溪因盛产竹子，茶匙、茶夹、茶通、茶筒、茶则等民间传统的茶具均全用竹子制成。铁观音的传统工夫茶的冲泡茶具，民间习俗一般是采用陶瓷盖碗或紫砂壶，可根据喜好选择瓷茶具或紫砂茶具均可。在此我们选用紫砂壶。同时选用随手泡，使用更加方便。除了以上茶器以外，还应配有茶盘、品茗杯、茶巾、水盂、奉茶盘。茶具的摆放要合理、美观，注重层次感及线条的变化，同时兼顾实用性。

（3）活煮甘泉 “活水还需活火烹”。古人泡茶多用山泉水，因为古人认为山泉水具有“甘、清、轻、冽、活”的特点，更能激发茶的特性。现代一般选用纯净水。

（4）孟臣净心 孟臣即明末清初时的制壶大师惠孟臣，后人将名茶壶喻为孟臣壶。净心即将壶里壶外烫洗一遍，目的是清洁茶具并提高壶温，使茶叶的色香味能更充分地体现出来。烫壶的水约为壶容量的1/3。轻轻转动紫砂壶，使壶体内外均匀受热，壶里的水倒入公道杯，再从公道杯中依次倒入品茗杯。用茶夹夹住品茗杯内壁，将品茗杯中的水弃入水盂中。

（5）叶嘉酬宾 即赏茶。“叶嘉”是苏东坡对茶叶的美称。用茶则向嘉宾展示铁观音。铁观音产自福建安溪，其外形条索卷曲、沉重匀整、色泽油亮且呈砂绿，有“青蒂绿腹蜻蜓头，美如观音重如铁”之说。

（6）观音入宫 即投茶入壶。“观音”指名茶铁观音，“宫”是对紫砂壶的美称。用茶匙将茶则内的茶叶轻轻拨入壶中，投茶量以壶身的1/3~1/2为佳。

（7）悬壶高冲 乌龙茶艺讲究“高冲水，低斟茶”。手提随手泡对准壶口定点注水。沿壶边沿先低后高冲水，直至冲入水量到达壶口位置，使茶叶随着水流上下旋转翻滚，得以充分舒展开来，有利于香气和滋味的释放。乌龙茶的冲泡水温为95~100℃。

（8）春风拂面 即用壶盖刮去高冲时激起的一层白色浮沫。左手用壶盖轻轻绕壶一圈，刮去茶汤表面的白色泡沫，使壶内的茶汤更加清澈洁净，以示对客人的尊重。接着用右手提起随手泡把壶盖冲净，盖上壶盖。

（9）重洗仙颜 即第二次注水。乌龙茶的头泡茶汤滋味不够香醇，所以第一泡茶汤会立即弃掉。重洗仙颜即第二次向壶中注入沸水，再冲淋壶身，保持内外温度一致，可起到保温提香的作用。

（10）封罐酝香　即闷茶。铁观音较紧卷，茶叶冲泡后须等待一两分钟才能充分释放其香气和滋味，闷茶时间过短，则香气、滋味淡薄，缺少韵味；闷茶时间过长，则容易出现“熟汤味”且苦涩。

（11）观音出海　即斟茶。用右手把壶置于桌面茶巾上，按住气孔轻轻旋转 2~4 圈，混合均匀茶汤。接着将紫砂壶放低尽量靠近品茗杯，以巡回的方式斟倒茶汤。斟倒时要注意品茗杯之间的间距，避免将过多的茶汤倾倒在茶盘上，并注意茶水应均匀分斟于各杯。

（12）点水流香　即点斟。在斟茶到最后壶底剩余最浓部分时，应均匀地一点一点滴注到各杯中，达到浓淡均匀，香醇一致。

（13）敬奉香茗　双手端起放入品茗杯的奉茶盘，有礼貌地向各位客人依次敬茶。

（14）赏色闻香　品饮铁观音，先用三龙护鼎手法拿起品茗杯，即用拇指、食指捏住杯身，中指托住杯底。女士可舒展兰花指，男士则收拢手指即可。三根指头喻为“三龙”，茶杯如鼎，所以这种持杯手势称为“三龙护鼎”，意在表示对茶的尊重。先观汤色，再闻高香。优质铁观音汤色为蜜绿或金黄明亮，香气为天然兰花香、桂花香。

（15）品啜甘露　品啜铁观音的韵味。一般品茶分成 3 口，小口细啜，细细体会铁观音齿颊留香、喉底回甘的音韵。

（16）尽杯谢茶　宾主起立，并共敬杯中茶，饮完，相互祝福、道别。

4. 红茶冲泡演示程序——以祁门红茶为例㊀

红茶适宜用盖碗或茶壶进行冲泡，冲泡时根据不同类型红茶的特质，选择不同材质的盖碗或茶壶，以求充分发挥茶叶的特性，使茶汤的色、香、味达到最佳。例如：祁门红茶因干茶带“宝光”，汤色红艳明亮带金圈，可选用白瓷盖碗来赏茶汤、观叶底；正山小种带松烟气，选用茶壶冲泡可使香气更柔和纯正，口感更加醇厚。

祁门红茶为世界知名红茶，产自安徽祁门，是我国传统工夫红茶的珍品，其“祁门香”久负盛名。

（1）备具　茶盘 1 个，白瓷盖碗 1 个，白瓷品茗杯 3 个，茶荷、茶道组、公道杯、水盂、随手泡、奉茶盘各 1 个，茶巾 1 张，杯托 3 个。

（2）入场　将所需茶具用茶盘等器具分别端入茶室。

（3）布具　布具既可按规范样式配置，也可有创意地进行配置。规范布置时，整个操作台分为左中右 3 个板块。左侧桌面从上至下成一直线摆放，依次为水盂、茶荷。右侧桌面从上至下，依次为茶艺六君子、随手泡。随手泡在最外侧，距茶盘 15~20 厘米距离，以方便取用且不阻挡拿取茶道组为宜。桌面中央板块从上至下依次摆放品茗杯及杯托、茶盘、茶巾。3 个品茗杯及杯托横放成一条直线等距摆放，茶盘上左侧摆放公道杯，右侧摆放盖碗，

㊀ 扫封底二维码看视频。

公道杯出汤口与盖碗相对。茶巾按大小三折或四折叠齐，花饰朝上，开口处朝向操作者一方。创意布置以美观大方且方便冲泡为宜。

（4）介绍茶具　介绍茶具顺序：先左后右再中间，先上后下。介绍左侧茶具时用左手，介绍右侧茶具时用右手，介绍中间茶具时用双手，依次为水盂、茶荷、茶道组、随手泡、品茗杯及杯托、茶盘、茶巾。介绍茶巾时应双手拿起茶巾，举于胸前示意，介绍完毕再归位。

（5）温杯　将白瓷盖碗、公道杯、品茗杯用刚刚烧沸的纯净水浇淋，依次清洗，以除去茶具中的寒气与杂气，提高茶具温度。先向盖碗中注入约1/3的沸水，5~10秒后再将盖碗内水倒入公道杯，再从公道杯依次分入3个品茗杯内，公道杯中剩余的水倒入水盂。手执茶夹，将3个品茗杯内的水依次倒入水盂。此步骤有助于提高茶具温度，保证茶味更佳。

（6）赏茶投茶　用盖碗冲泡，一般茶水比为1∶50，即150毫升的盖碗投茶量为3克。用双手食指与拇指拿起左边的茶荷，先置于胸前，然后由左至右按顺时针方向向前缓缓推出一周向客人展示，再收回胸前。向客人展示时，茶荷向外侧倾斜约30度，以便客人观赏，同时介绍祁门红茶的产地、品质。祁门红茶条索细秀，稍有卷曲，锋苗好，色泽乌褐泛灰光，俗称“宝光”。左手持茶荷，右手拇指与食指取茶匙，并用茶匙分三下将茶叶轻轻拨入白瓷盖碗中。注意动作应轻柔、规范、优美。

（7）温润泡　向盖碗中冲入约1/3沸水，然后迅速将盖碗中的水弃入水盂。

（8）冲泡　再次将沸水高冲入盖碗中，使茶叶在盖碗中翻腾，充分浸润，然后盖上碗盖，静置40~45秒。祁门红茶的冲泡水温以90~95℃为佳，浸泡时间取决于茶叶的粗细老嫩及投茶量。从第三次开始，冲泡次数每增加一次，冲泡时间可适当延长10~15秒。

（9）分茶　将茶汤从盖碗注入公道杯中，并依次均匀分入3个品茗杯，每个品茗杯斟至七分满。每次出汤都应将盖碗中的茶汤沥尽。

（10）奉茶　将品茗杯连同杯托一起用奉茶盘敬奉给客人。奉茶过程中注意走姿及奉茶礼仪。将桌上品茗杯从左至右拿取放入奉茶盘，奉茶时直立上身，腿稍稍下蹲。奉茶后直身行礼，向客人伸出右手示意并表明“请喝茶”。

（11）品茗　用右手三龙护鼎手法持杯，先观色，后闻香，再品味。品茶分3口小啜。祁门红茶汤色红艳明亮，香气似蜜糖香，又蕴含兰花香，滋味鲜醇带甜，回味隽永。

（12）收具　将茶席上所有茶具按照先出后回、先湿后干的顺序原位放回茶盘。

（13）退场　向客人行礼后，带上所有器具退出场外。

5. 黑茶冲泡演示程序——以熟普为例㊀

普洱熟茶经过长期存放，汤色红浓，香气、滋味陈醇，适宜冬日厚重的饮食。普洱熟茶一般选用茶壶冲泡，用100℃的沸水。若为储存年限较长的熟茶，如超过60年以上，则建

㊀ 扫封底二维码看视频。

议用煮饮法。

（1）备具　准备茶盘、随手泡、紫砂壶、公道杯、品茗杯、杯托、奉茶盘、茶叶罐、茶则、茶夹、茶针、茶荷、茶巾。将茶具按方便操作、摆放美观的顺序列于茶桌之上。

（2）淋壶温杯　将烧沸的纯净水冲入壶中烫壶，再将壶中的水倒入公道杯。手持公道杯，将杯中的开水依次倒入品茗杯中，再用茶夹夹住品茗杯，将杯中水弃入水盂。

（3）置茶　用茶则从茶叶罐中拨取出适量茶叶置入茶荷中，请客人欣赏，并简要介绍普洱熟茶的产地和品质特点。接着将茶漏放在紫砂壶壶口上，用茶匙轻轻把茶叶拨入茶漏中。普洱熟茶茶水比为 1∶30。

（4）温润泡　将沸水高冲入紫砂壶，充分浸润茶叶。用壶盖由外向内轻轻刮去茶汤表面浮沫，盖上壶盖，立即将第一泡茶水弃入水盂。揭盖闻香，判断香气是否纯正。

（5）冲泡　再次将沸水先高后低冲入紫砂壶至壶口，仍然用壶盖刮去浮沫，盖上壶盖。再用沸水浇淋壶身，以达到保温的作用，同时也可冲净附于壶外的茶沫。普洱熟茶的冲泡水温为 100℃。

（6）出汤　静置 15~20 秒后，将壶中的普洱茶汤沥入公道杯。普洱熟茶泡至中后段时，可适当延长冲泡时间，如每增加一泡即增加 15 秒左右的静置时间，以此类推，保证茶汤口感稳定。普洱熟茶汤色红浓明亮。

（7）分茶　将公道杯中的茶汤依次倒入品茗杯中，斟茶以七分满为宜。

（8）奉茶　将桌上品茗杯和茶托从左至右拿取放入奉茶盘，向客人依次奉茶，并行伸掌礼请客人喝茶。奉茶需用双手敬献。

（9）品茗　用三龙护鼎手法持杯，先观色，后闻香，再品味。品茶分 3 口小啜。普洱熟茶滋味醇和、爽滑、回甘，齿颊生津，陈韵悠然。

（10）收具　当客人品完茶后，将所有茶具按照先出后回、先湿后干的顺序原位放回茶盘，并在向客人行礼后，带上所有器具退出场外。

6. 花茶冲泡演示程序——以茉莉花茶为例㊀

花茶属于再加工茶类，它以茶坯窨花制成，不仅有幽幽茶香还有明显的鲜花香气，所以品饮花茶最主要的是闻香。盖碗有盖，既能保温又便于掀起让花香慢慢飘逸，以获得香味清灵之感，所以盖碗是冲泡花茶的最佳选择。此外，也可以选择保温性能较好的瓷壶和便于观形的玻璃杯，既可闻香又可观形。

主要器具：盖碗（三才杯）、随手泡、茶盘、茶道组、水盂、茶荷、茶巾、茶匙、杯托。

选用茶叶：茉莉花茶。

㊀ 扫封底二维码看视频。

置茶方法：下投法。

用水：优质山泉水或纯净水。

茶水比：约1∶50。

程序及解说如下。

（1）烫杯——春江水暖鸭先知 “竹外桃花三两枝，春江水暖鸭先知。”这是北宋大文豪苏东坡的一句名诗，用以描绘早春情形。借助这句诗来描述烫杯，把装着热水的一只只茶杯，比喻为最先感知到暖暖春江水的一只只鸭子，形象而生动。

（2）赏茶——香花绿叶相映置 请客人鉴赏茶荷中花茶茶坯的质量。观察茶坯的品种、细嫩程度。茉莉花茶的茶坯多为优质绿茶，茶坯色绿质嫩混合着浓郁的茉莉花香。有的花茶中还点缀着少量茉莉花瓣，恰似绿叶配香花，互相映衬。赏茶的同时还可嗅干茶花香。

（3）投茶——落英缤纷坠玉杯 用茶匙把茉莉花茶从茶荷中轻轻拨入盖碗时，观看花瓣和茶叶纷纷飘然而下，正应了晋代文学家陶渊明在《桃花源记》一文中的“落英缤纷”。

（4）冲水——春潮带雨晚来急 冲泡茉莉花茶，要用90℃左右的开水。手持随手泡，让开水从壶中高冲而下，注入杯中至满。而杯中的茶叶随水浪上下翻滚，就好似受密密细雨影响的春潮，急速上涨。

（5）闷茶——三才化育甘露美 冲泡花茶一般要用“三才杯”。茶杯的盖代表“天”，杯托代表“地”，中间的茶杯代表“人”。茶是“天涵之，地载之，人育之”的灵物。闷茶的过程象征着天、地、人三才合一，共同化育出茶的精华，孕育甘露。加盖静置几秒钟。

（6）敬茶——一盏香茗奉知己 “客来敬茶”是茶人应遵循的茶训。将一杯芳香馥郁的香茗奉给客人，表达对客人美好的祝福。敬茶时应双手捧杯，举杯齐眉，注目客人并行点头礼，然后依次把沏好的茶敬奉给客人，最后一杯留给自己。

（7）闻香——杯里清香浮清趣 品饮花茶最重要的是去感受它清幽芬郁的香气，正所谓“未尝甘露味，先闻圣妙香”，闻香时左手端起杯托，右手轻轻地将杯盖掀开一条缝，从缝隙中去闻香。闻香时主要看三项指标：一闻香气的鲜灵度；二闻香气的浓郁度；三闻香气的纯度。茉莉花茶香气鲜灵浓郁。

（8）品茶——舌端甘韵入心底 品茶时应细细品啜，使茶汤在口腔中稍事停留，这时轻轻用口吸气，使茶汤在舌面流动，以便茶汤充分与味蕾接触，然后闭紧嘴巴，用鼻腔呼气，使茶香直贯脑门，只有这样才能充分领略花茶所独有的“味轻醍醐，香薄兰芷”的花香与茶韵。茉莉花茶滋味浓厚醇美，汤色清澈、淡黄明亮。

（9）回味——茶味人生细品悟 茶人们认为一杯茶中有人生百味，无论茶是苦涩、甘鲜还是平和、醇厚，都会有良多的感悟和联想，所以品茶重在回味。3小口品完香茗，静静回味体会。

（10）谢茶——饮罢两腋清风起 唐代诗人卢仝在其传颂千古的《走笔谢孟谏议寄新

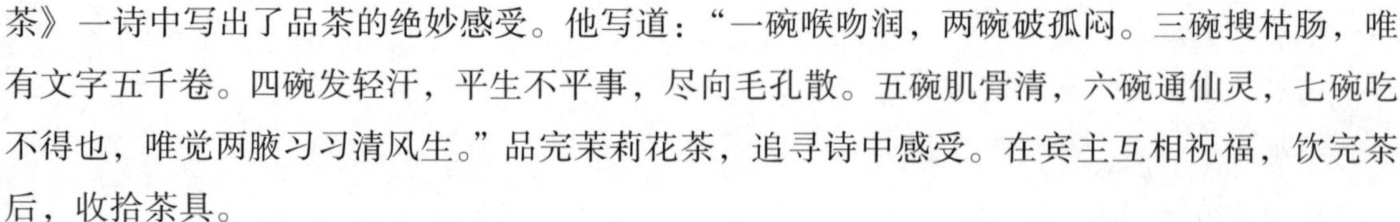

茶》一诗中写出了品茶的绝妙感受。他写道：“一碗喉吻润，两碗破孤闷。三碗搜枯肠，唯有文字五千卷。四碗发轻汗，平生不平事，尽向毛孔散。五碗肌骨清，六碗通仙灵，七碗吃不得也，唯觉两腋习习清风生。”品完茉莉花茶，追寻诗中感受。在宾主互相祝福，饮完茶后，收拾茶具。

2.2.3 泡茶用水水质要求

明代许次纾《茶疏》云：“精茗蕴香，借水而发，无水不可与论茶也。”明代张大复在《梅花草堂笔谈》中说：“茶性必发于水，八分之茶，遇十分之水，茶亦十分矣；八分之水，试十分之茶，茶只八分耳。”可见水质对茶汤品质的重要性。好茶还需好水泡，好茶与好水相互配合，相得益彰，相互成就。

1. 古代茶艺对水质的要求

唐代茶圣陆羽，曾经在《茶经》中这样论述泡茶水：“其水，用山水上，江水中，井水下。其山水，拣乳泉、石池漫流者上。”陆羽强调的是水质的洁净宜茶。张又新在《煎茶水记》提出产茶地的水烹当地的茶最佳，也是强调茶与水的相宜。宋徽宗赵佶在《大观茶论》中写道：“水以清、轻、甘、冽为美。轻甘乃水之自然，独为难得。”宋代唐庚《斗茶记》云：“水不问江井，要之贵活。”南宋胡仔《苕溪渔隐丛话》说：“茶非活水，则不能发其鲜馥。”说的是泡茶要用流动的新鲜活水，这也是继承了陆羽在《茶经》中的观点。

2. 现代茶艺对水质的要求

泡茶用水首先应符合生活饮用水卫生标准（GB 5749—2006）的水质，除此以外，还要考虑水质与茶性的协调。从目前水质状况分析，对泡茶影响较为关键的指标主要有以下几类。

（1）感官指标　色度不超过 15 度，混浊度不超过 1 度（水源与净水技术条件限制时为 3 度），并不得有异味、臭味，不得含有肉眼可见物。

（2）化学指标　酸碱度 6.5~8.5，总硬度（以 $CaCO_3$ 计）不高于 450 毫克/升，铁不超过 0.3 毫克/升，锰不超过 0.1 毫克/升，铜不超过 1 毫克/升，锌不超过 1 毫克/升，挥发酚类不超过 0.002 毫克/升，氯化物不超过 250 毫克/升，硫酸盐不超过 250 毫克/升，阴离子合成洗涤剂不超过 0.3 毫克/升，溶解性总固体不超过 1000 毫克/升。

（3）毒理指标　氟化物不超过 1 毫克/升，氰化物不超过 0.05 毫克/升，砷不超过 0.01 毫克/升，镉不超过 0.005 毫克/升，铬（六价）不超过 0.05 毫克/升，铅不超过 0.01 毫克/升。如果水中含有一定量消毒药剂，如氯，可用活性炭将其过滤再饮用。温火煮开一段时间。或高温不加盖放一段时间也能降低其含量。消毒剂含量的多少会直接影响茶汤的味道与品质。

（4）细菌指标　菌落总数不超过 100 个菌群/毫升，大肠菌群不得检出。

（5）矿物质含量　水分为软水、硬水，凡不含或含有少量钙、镁离子的水称为软水，反之称为硬水。硬水又分为暂时硬水和永久硬水。暂时硬水的硬度是由碳酸氢钙与碳酸氢镁引起的，经煮沸后可被去掉。永久硬水的硬度是由硫酸钙和硫酸镁等盐类物质引起的，经煮沸后不能去除。依照水的总硬度值大致划分，总硬度 $0 \sim 30\times10^{-4}\%$ 称为软水；总硬度 $60\times10^{-4}\%$ 以上称为硬水；高品质的饮用水总硬度不超过 $25\times10^{-4}\%$；高品质的软水总硬度在 $10\times10^{-4}\%$ 以下。在天然水中，远离城市未受污染的雨水、雪水属于软水；泉水、溪水、江河水、水库水，多属于暂时性硬水，部分地下水属于高硬度水。硬水泡出的茶汤颜色发暗、香气不足、口感清爽度不够，不适合泡茶。软水易体现出茶的本质，是适合泡茶的水。一点矿物质都不含的蒸馏水，口感较差，也不适于泡茶。

（6）空气含量　水中富含空气，可有效地挥发茶香，且口感上的活性强。通常说“活水”利于泡茶，就是因活水富含空气，又称水不能煮久，煮久了，空气含量会减少。

以上指标，主要是从饮用水最基本的安全和卫生方面考虑，作为泡茶用水，还应考虑各种饮用水的内含成分。

3. 现代泡茶用水的品类

（1）自来水　这是最常见的生活饮用水，其水源一般来自江、河、湖泊，属于加工处理后的天然水，为暂时硬水。自来水含有用来消毒的氯气等，在水管中滞留较久的还含有较多的铁。当水中的铁离子含量超过万分之五时，会使茶汤呈褐色，而氯化物与茶中的多酚类作用，又会使茶汤表面形成一层“锈油”，喝起来有苦涩味。所以用自来水沏茶，最好用无污染的容器，先贮存一天，待氯气挥发后再煮沸沏茶，或者采用净水器将水净化，这样就可成为较好的沏茶用水。

（2）纯净水　指自来水通过电渗析器法、离子交换器法、反渗透法、蒸馏法及其他适当的加工方法制成，可直接饮用。因为纯净水净度好、透明度高，沏出的茶汤晶莹透澈，而且香气滋味纯正，无异杂味，鲜醇爽口。

（3）矿泉水　我国对饮用天然矿泉水的定义是：从地下深处自然涌出的或经钻井采集的、含有一定量的矿物盐、微量元素或其他成分，在一定区域未受污染并采取预防措施避免污染的水。在通常情况下，其化学成分、流量、水温等动态指标在天然周期波动范围内相对稳定。矿泉水与纯净水相比，含有丰富的锂、锶、锌、溴、碘、硒等多种微量元素，由于产地不同，其所含微量元素和矿物质成分也不同，不少矿泉水含有较多的钙、镁、钠等金属离子，是永久性硬水，虽然水中含有丰富的营养物质，但用于泡茶效果并不好。

（4）活性水　活性水包括矿化水、高氧水、离子水、自然回归水、生态水等品种。这些水均以自来水为水源，一般经过滤、精制和杀菌、消毒处理制成，具有特定的活性功能，并且有相应的渗透性、扩散性、溶解性、代谢性、排毒性，富氧化和营养性功效。由于各种活性水含的微量元素和矿物质成分各异，如果水质较硬，泡出的茶水品质较差；如果属于暂时硬水，处理后泡出的茶水品质较好。

（5）净化水　通过净化器对自来水进行二次终端过滤处理，使之达到国家饮用水卫生标准。用净化水泡茶，其茶汤品质是相当不错的。

（6）天然水　包括江、河、湖、泉、井及雨水和雪水。用这些天然水泡茶应注意水源、环境、气候等因素，判断其洁净程度。对取自天然的水经过滤和消毒的简单净化处理，既天然又洁净，也属天然水之列。在天然水中，泉水是最理想的泡茶之水，杂质少、透明度高、污染少，虽属暂时硬水，加热后，呈酸性碳酸盐状态的矿物质被分解，释放出碳酸气，口感特别微妙，泉水煮茶，甘洌清芬俱备。

然而，各种泉水的含盐量及硬度有较大的差异，并非所有泉水都是优质的，有些泉水含有硫黄，不能饮用。江、河、湖水属地表水，含杂质较多，混浊度较高，一般说来，沏茶难以取得较好的效果，但在远离人烟，又是植被生长繁茂之地，污染物较少，这样的江、河、湖水，仍不失为沏茶好水，如浙江桐庐的富春江水、淳安的千岛湖水、绍兴的鉴湖水就是例证。雪水和天落水，古人称之为“天泉”，尤其是雪水，更为古人所推崇，但现代由于空气污染的缘故，雨水、雪水都不适宜直接饮用了。

4. 不同茶品对水质的要求

泡茶用水一般选用天然水为佳，要符合国家饮用水的卫生标准。但不同茶类因原料和加工工艺的不同，色香味有明显差异。所以同样的水质对不同茶的品质的影响也不一样，在天然水质不佳的情况下，纯净水还是泡茶的最佳选择。

冲泡绿茶大多应选择软水，唐代张又新认为用当地水烹当地茶最为适宜，因此如果条件许可，可选择产茶地的水。如冲泡西湖龙井选择虎跑泉水，冲泡扬州绿杨春选择大明寺泉水，冲泡苏州的碧螺春可选用惠山泉水等。由于环境污染，历史上的著名泉水很多已经不适合饮用了，雨水和雪水之类的天水也只是在空气质量很好的地方才可以。因此大部分时候，我们会选择净化水、纯净水或生态环境好的山泉水。

盐碱味重的水不适合冲泡高级绿茶，在京津地区，人们更喜欢喝花茶，就是因为烘青茶作为茶坯的花茶滋味更浓郁，可以掩盖水的不良味道，而花香也不会受水质影响。但是讲究茶味口感的人还是会选择软水，如明清宫庭饮茶用的是京城文华殿东大庖井的水，水质清明，滋味甘洌，曾是明清两代皇宫的饮用水源；还有城外玉泉山水，乾隆认为其是最轻的水，也就是今天所说的软水。

有发酵过程的茶可选用硬度大一点的水来冲泡。红茶属于全发酵茶，乌龙茶属于半发酵茶，黑茶属于后发酵茶，这 3 类选择南方的山泉水或钟乳洞的乳泉来冲泡会使茶味更有骨感，口感更饱满，汤色也更明艳。如福建南安观音井水、广东罗浮山水等都适合冲泡发酵茶。水质较软的富春江水冲泡武夷岩茶则会使茶汤显得不柔和顺滑。

2.2.4 调饮红茶的制作方法

调饮茶是指在茶水中加入其他食材来调味的茶。红茶出口到西方以后大多是用调饮的方法来饮用的，最常见的有牛奶红茶、水果红茶，现代还发展出泡沫红茶。在红茶中添加牛奶后，涩味会减轻，从而变得更加顺口，接受度更高。

1. 茶品选择

（1）阿萨姆红茶　产自印度东北喜马拉雅山麓的阿萨姆邦，是世界最大的红茶产地，每年产量为50万~70万吨，占印度的一半。阿萨姆茶一般每年采摘两次，以6~7月采摘的品质最优，但10~11月的阿萨姆秋茶味道更浓更香。阿萨姆红茶，茶叶外形细扁，色呈深褐；汤色深红稍褐，带有淡淡的麦芽香、玫瑰香，滋味浓，回味甘甜，口感强烈悠远，是冬季饮茶的最佳选择。

（2）大吉岭红茶　大吉岭位于印度东北的喜马拉雅山麓，气候与土壤都适合种植茶叶，是全世界海拔最高的茶区。茶汤色清淡，略显金黄，味道浓郁带有果香，俗称“香槟红茶”，与印度阿萨姆红茶、中国祁门红茶被称为世界三大高香红茶。

大吉岭红茶的产量较低，在印度茶叶总量中只占2%左右（96.2万吨）。茶叶分四季采摘，3~4月为初摘茶（春摘茶，又称一号茶），多为青绿色，如同我国的明前茶，被视为珍品。5~6月为次摘茶（夏摘茶，又称二号茶），为金黄色，香气好，滋味更显著，品质最优，被誉为“红茶中的香槟”。7~8月是雨季茶，被称为“Autumnal”。9~10月为秋摘茶，等到当地雨季过后才能采制，茶色较深，滋味扎实浓厚，价格相对较低，也是四个季节的茶里最适合调制奶茶的。

大吉岭红茶最适合清饮，但因为茶叶较大，需稍闷（约5分钟）使茶叶尽舒，才能得其味。下午茶及进食口味生的盛餐后，最宜饮此茶。

（3）尼尔吉里红茶　产自印度南方尼尔吉里高原，海拔1200~1800米，俗称“蓝山红茶”。尼尔吉里的气候及风土与斯里兰卡接近，味道和香气都类似斯里兰卡红茶。气候温润，适合茶树生长，所以全年皆有生产，而12月到隔年1月所采收的冬摘茶品质特别优良，被称作“冬霜红茶”。尼尔吉里红茶既可制作传统茶，也可制成C.T.C茶，出口世界各地。从外观上看，其颜色介于红与绿之间，类似我国乌龙茶的颜色特点，茶汤一般从淡绿色到金黄色不等，近似我国铁观音的汤色，滋味清新香甜。

（4）乌瓦红茶　乌瓦红茶产于斯里兰卡正中央山脉的东侧地区，是高地茶的代表，带有玫瑰花香和口感宜人的涩味，适合制作奶茶。最佳采摘季节是每年的8~9月，采摘量少，此时茶芽生长比较慢，养分充足，品质非常好，花香中带有一丝薄荷的香气，清爽宜人，茶汤橘黄色。其他时间采制的涩味强劲，具有红茶典型的浓、强、鲜的口感，茶汤深红色。

（5）迪不拉红茶　迪不拉也音译成金佰莱，迪不拉红茶产于斯里兰卡山麓地带西南坡高地。每年1~2月，斯里兰卡特有的季风都会让这里变得很干燥，使得这里的红茶带有鲜花般的香气。这个季节是迪不拉茶最好的采摘季。此季采制的红茶散发着馥郁的玫瑰花香，涩味强，汤色浓，但是味道清淡，极易入口。其他季节采制的红茶具有传统红茶独有的风味。迪不拉红茶香气与味道非常协调，即使每日饮用也不会让人腻烦，既可以直接饮用，也可以调制奶茶、花草茶。

（6）努瓦纳艾利茶　努瓦纳艾利位于海拔1800米的地方，最初是由英国人为度假而开发的小镇，有“小英国”之称。这里是斯里兰卡红茶产地中地理位置最高的，早晚温差15~20℃，使得当地的红茶涩味浓厚，还具有高地茶特有的甘甜与花香，其中还有独特的青草气大大提升了红茶的品质。最佳采摘季是每年的2~3月，此时红茶的汤色是淡淡的橘黄色，具有近似于大吉岭红茶的口感。

（7）滇红工夫茶　产于我国滇西、滇南等地，属大叶种类型的工夫茶，有春茶、夏茶、秋茶之分，一般春茶比夏、秋茶好。春茶条索肥硕，身骨重实，净度好，叶底嫩匀。夏茶正值雨季，芽叶生长快，节间长，虽芽毫显露，但净度较低，叶底稍显硬、杂。秋茶正处于干凉季节，茶树生长代谢功能转弱，成茶身骨轻，净度低，嫩度不及春、夏茶。滇红工夫茶外形茸毫显露，毫色分淡黄、橘黄、金黄等类，内质香郁味浓。滇南茶区工夫茶滋味浓厚，刺激性较强；滇西茶区工夫茶滋味醇厚，刺激性稍弱，但回味鲜爽。

（8）祁门红茶　主产于我国安徽省祁门县，与其毗邻的石台、东至、黟县及贵池等县也有少量生产。祁门红茶自诞生之初，就与闽红、宁红等齐名，后来逐渐发展成为中国红茶的第一品牌。国外把我国祁红与印度大吉岭茶、斯里兰卡红茶，并列为世界三大高香茶，称祁红的这种地域性香气为“祁门香”，誉为“群芳最”。祁红宜清饮，可以很好地领略其特殊香味；加奶后乳色粉红，其香味特点犹存。祁红工夫茶条索紧秀，锋苗好，色泽乌黑泛灰光，俗称“宝光”；内质香气浓郁高长，似蜜糖香，又蕴藏有兰花香，汤色红艳，滋味醇厚，回味隽永，叶底微软红亮。

2. 奶茶的制作方法

制作奶茶的茶品要求滋味浓强鲜特点明显，汤色明亮红艳，主要有我国的祁红、滇红、小种红茶，以及阿萨姆红茶、尼尔吉里红茶、迪不拉红茶、肯尼亚红茶等。所使用的牛奶并非巴氏杀菌牛奶，而是72℃杀菌15秒的低温杀菌牛奶，也有用120℃杀菌2秒的超高温灭菌牛奶的。然而，低温杀菌牛奶的奶香味更浓郁，新鲜牛奶特有的青草香加之如丝般的口感，让奶茶更有活力。制作奶茶所用的茶具有冲茶壶、奶罐、糖罐、糖夹、茶杯碟、茶勺、茶滤、奶锅等。

（1）焦糖香草奶茶　用料：白砂糖两大勺，纯牛奶150毫升，香草粉一小勺，红碎茶

8~10克。先将两大勺白砂糖倒入锅中，加热炒至白砂糖变至焦糖色，加入清水350毫升煮沸，再放入香草粉和红茶用小火继续煮3分钟，然后加入150毫升纯牛奶煮沸，关火，过滤。香草味浓郁，用糖量多少根据饮用者的口味来定，炒糖色时不可太过，如果炒焦了，就会有苦味。

（2）丝袜奶茶　用料：锡兰红茶红碎茶8~10克，淡奶200毫升，白砂糖15克。煮丝袜奶茶需要用茶袋来过滤茶粉，因为要放进铝壶里面闷茶，所以袋身比较长，茶袋用久了也就变成了咖啡色，很像丝袜，因而得名。先将500克清水放铝壶中煮沸，加入红茶用小火煮3分钟左右。再准备两个铝壶，将茶滤袋放进其中一个铝壶内，将煮好的茶水冲进茶滤袋里，将过滤好的茶冲进另外一个空铝壶，反复几次，直至茶粉完全出味。200克淡奶盛入杯中，将煮好的红茶高冲进去，再加入白糖调味。

（3）英式奶茶　用料：红茶、牛奶、白砂糖。英式奶茶的制法简单，将茶煮3~5分钟，倒入杯里，再冲入牛奶。糖可以根据个人的口味来加。

3. 水果红茶的制作方法

水果茶是指将某些水果或瓜果与茶一起制成的饮料，水果的使用部位见表2-26。

表2-26　不同水果在水果红茶中的使用部位

水果种类	使用部位
葡萄柚、橙子、柑橘、柠檬	果皮
菠萝、香蕉、哈密瓜、梨	果肉
苹果、草莓、桃子、巨峰葡萄、麝香葡萄	果皮和果肉

一般制作水果红茶的茶叶有斯里兰卡的康提红茶和汀布拉红茶、肯尼亚的C. T. C红茶，以及印度尼西亚的红茶等。要注意：加入水果后浸泡时间不宜太长，否则可能会影响水果的口感；应该选择香气强烈、果肉较为结实的水果，而不要选择果肉熟软、果糖含量较高的甜味水果，因为这样的水果更容易溶出矿物质而使红茶的茶汤混浊；应斟酌水果及茶叶的量，否则很容易太浓或涩味过重，如不能把握，置茶量偏少为宜，再酌情增加。

（1）葡萄柚红茶　把2~3片葡萄柚皮放入茶壶内与茶叶一起浸闷，放入前要轻轻挤压，以增加香气。将茶壶端上桌，在餐桌上将红茶注入杯中，上桌之前在杯口放上切好的葡萄柚装饰。

（2）菠萝红茶　将菠萝切成小块，放进透明的茶壶里，将泡好的红茶倒入壶中和菠萝一起浸泡，第一壶的果香明显，第二壶由于果汁渗出味道更甜。

（3）香蕉红茶　将香蕉切成片，轻轻捏碎以增加风味。在茶杯中放入切片的香蕉，并滴入数滴玫瑰红酒，注入泡好的红茶。果肉切勿捏得过碎，否则茶汤容易混浊。在果肉上滴上玫瑰红酒，可增加茶香，防止异味及香蕉变色。

（4）葡萄红茶　将巨峰葡萄切成两半，稍微挤压后加入茶壶，和涩味少的茶包一起浸闷。茶包选用包装异味少、涩味少的锡兰红茶或肯尼亚红茶为佳。

4. 泡沫红茶的制作方法

泡沫红茶是一种使用不同的茶叶为基底，添加糖浆、可可粉、珍珠粉圆、蜂蜜、牛奶、豆类等材料，和冰块一同摇匀，创造出类似鸡尾酒般变化多端的冷饮。制作方法如下：

1）将两袋茶包用 150 毫升热水冲泡 5 分钟，浸出浓浓的茶汤。

2）在雪克壶内放入 1/3～1/2 的冰块、2 汤匙蜂蜜。

3）将茶汤倒入雪克壶中，盖上盖子迅速摇动。摇晃 30 次左右就会出现泡沫。

4）将调制好的饮料倒入杯内，小心地让泡沫浮在表面。最后再放一根粗吸管。

上面是泡沫红茶的基础制法，如果在冲泡红茶时加入柠檬片，可以增加红茶的酸爽清凉口感；加点可可粉，可以增加红茶的香气。也可加入蜜豆、珍珠粉圆等。选用的茶叶大多是红茶、花茶、乌龙茶、熟普等，饮用时用透明的玻璃杯，看起来更加清凉可口。泡沫红茶所用的茶杯应该选择瘦长的玻璃杯，这样可以方便留住泡沫，如果是矮胖的，泡沫很容易散掉。

2.2.5　不同类型的生活茶艺

1. 商务用茶

商务茶歇是公司中午休息或各行业聚会交流必备的一种活动形式，是休闲的一种形式，在工作和会议休息中提供一些热饮和甜品、水果等，有时也会根据员工或会议组织者的要求和季节而变化。

大致上茶歇的分类有中式与西式。中式的饮品包括矿泉水、开水、绿茶、花茶、红茶、奶茶、果茶、罐装饮料、微量酒精饮料，点心一般是各类糕点、饼干、袋装食品、时令水果、花式果盘等。西式茶歇饮品一般包括各式咖啡、矿泉水、低度酒精饮料、罐装饮料、红茶、果茶、牛奶、果汁等，点心有蛋糕、甜品、糕点。

会议茶水服务需掌握的技巧如下：

1）倒茶的方法。无论大杯还是小杯，都不宜倒得太满，一般以杯子的七八分满为宜。

2）端茶的礼仪。应该在与会人员的右后方倒茶，在靠近之前，应该先提示一下：“为您奉茶。”以免客人突然向后转身。

3）添茶礼仪。在客人右后侧方，用左手添水，同样摆放在饮水者右手上方，有柄的则将其转至右侧。

4）会议茶水服务礼仪细节。

① 在会议开始之前要检查每个茶杯的杯身花样是否相同。

② 茶水的温度以80℃为宜。

③ 在倒茶的时候每一杯茶的浓度要一样。

④ 倒茶时要先服务重要客人、然后是普通客人。

⑤ 在客人喝过茶后应立即续上，不能让其空杯。

2. 家庭茶艺

家庭茶艺没有传统茶艺那么复杂，道具更为简单、实用，且冲泡方法自由。家庭饮茶的特点如下：

1）休闲性，这是家庭饮茶的首要特点。人们的生活节奏越来越快，工作压力也越来越大，在工作之余，家人坐在一起品茗聊天，放松身心，这也是缓解压力、愉悦身心的一种好方法。家庭饮茶，可以给人们带来物质和精神上的双重享受，在享受到茶叶香味的同时，也能享受茶艺、茶具带来的趣味，陶冶了情操。

2）保健性，茶叶具有养生保健作用，具有提神健脑、生津止渴、降脂瘦身、清心明目、消炎解毒等功效。

3）交际性，“以茶会友”是从古至今的一种交际方式，和兴趣相投的朋友在一起交流饮茶心得，共享新茶，不亦乐乎！

3. 常见茶叶的简易冲泡

（1）老白茶的煮饮

① 器具：可加热的陶壶（750毫升）。

② 投茶量：15克，茶水比为1∶50。

③ 水温：沸水煮饮。

④ 冲泡时间：寿眉加入壶中，加冷水至八分满，加热至水沸腾，静置止沸后倒出分茶入盏。一壶饮完之后，再加水煮饮，可持续数次。

⑤ 品鉴体验：老白茶口感温和，煮饮后具有明显的粽叶香或枣香，煮饮的口感胜过杯泡。

（2）蒙顶黄芽的冲泡

① 器具：盖碗（150毫升）。

② 投茶量：3克，茶水比1∶50。

③ 水温：90℃。

④ 冲泡时间：首泡时间25秒，出汤，分杯品饮，感受茶汤的鲜味与饱满的香气；第二泡延长至30秒，出汤，分杯品饮，感受茶汤醇厚的口感；第三泡延长至50秒，出汤，分杯品饮。可冲泡四次左右。

⑤ 品鉴体验：蒙顶黄芽干茶香气呈明显的炒豆香，茶汤甜香浓郁并有少量清香，温和内敛。

（3）凤凰单丛的冲泡

① 器具：盖碗（150 毫升）。

② 投茶量：7.5 克，茶水比 1∶20。

③ 水温：沸水，95℃以上。

④ 冲泡时间：首泡时间 10 秒，出汤，分杯品饮；第二泡延长至 20 秒，出汤，分杯品饮，感受茶汤的浓爽与高扬的香气；第三泡延长至 25 秒，出汤，分杯品饮。可冲泡七八次。

⑤ 品鉴体验：凤凰单丛冲泡需要用高温来激发香气，潮汕本地人讲究冲泡坐杯时间长，对大部分茶客来讲滋味过浓。故实际冲泡品饮中，可出汤迅速，避免出现明显的涩感。

（4）大禹岭茶（台湾乌龙茶）的冲泡

① 器具：柴烧陶壶（180 毫升）。

② 投茶量：7 克，茶水比 1∶25。

③ 水温：沸水，95℃以上。

④ 冲泡时间：首泡 45 秒，出汤，分杯品饮；第二泡比第一泡少约 5 秒，出汤，分杯品饮；第三泡后逐泡加秒，以自己觉得最舒服的口感及方式冲泡。

⑤ 品鉴体验：大禹岭茶所处的茶区是台湾海拔最高的茶区，产量极少，由于海拔高，生长气温较低，昼夜温差大，果胶含量丰富，入喉清香甘甜，回甘明显。

（5）坦洋工夫（福建工夫红茶）的冲泡

① 器具：紫砂壶（180 毫升）。

② 投茶量：3.5 克，茶水比约 1∶40。

③ 水温：沸水，95℃以上。

④ 冲泡时间：首泡时间 10 秒，出汤，分杯品饮；第二泡延长至 15 秒，出汤，分杯品饮；第三泡延长至 25 秒，出汤，分杯品饮。可冲泡七八次。

⑤ 品鉴体验：坦洋工夫属于工夫红茶，外形紧细匀整，带金毫，色泽乌黑有光，内质香气高甜，持久，汤鲜艳呈金黄色，滋味醇厚，尤其适合冬天品饮。

（6）茯砖茶的煮饮

① 器具：可加热的陶壶（1000 毫升）。

② 投茶量：20 克，茶水比 1∶50。

③ 水温：沸水，煮饮。

④ 冲泡时间：撬开后先用沸水浸润洗茶，弃之不用，然后再加入壶中，加冷水至八分满，加热至水沸腾，静置止沸后倒出分茶入盏。一壶饮完之后，再加水煮饮，可持续数次。

⑤ 品鉴体验：茯砖茶金花茂盛，具有独特的菌花香，口感醇厚爽滑，最宜冬天品饮。

技能训练1 六大茶类的识别

1. 材料准备

六大茶类各准备两种典型品种：绿茶（龙井、碧螺春），红茶（滇红、祁门红茶），乌龙茶（武夷岩茶、凤凰单丛），黄茶（蒙顶黄芽、平阳黄汤），白茶（白毫银针、白牡丹），黑茶（茯砖茶、安化黑茶）。

2. 器具准备

白瓷盘、盖碗、玻璃公道杯各12个，品茗杯若干。

3. 训练步骤

1）六大茶类各选一个品种（龙井、滇红、武夷岩茶、蒙顶黄芽、白毫银针、茯砖茶）进行品鉴，观察干茶外形；用盖碗冲泡，茶汤倒入玻璃公道杯，看不同茶的汤色；闻碗盖香，分辨不同茶类的香气；品滋味；将泡开的茶叶倒入白瓷盘，看叶底的色与形。以上内容需教师带领学员共同完成。

2）六大茶类另一个品种（碧螺春、祁门红茶、凤凰单丛、平阳黄汤、白牡丹、安化黑茶）进行加密编号，依次编号为1、2、3、4、5、6号。

3）按照上述方法对编号茶进行品鉴，判断出是何茶叶。

4）将观察结果填入茶叶感官审评表（见表2-27）。

表2-27 茶叶感官审评表

编号	干茶外形	汤色	香气	叶底	茶叶名
1					
2					
3					
4					
5					
6					

技能训练2 判断不同类型茶叶的质量

1. 材料准备

六大茶类各准备优质劣质两份茶叶：绿茶（龙井），红茶（祁门红茶），乌龙茶（铁观音），黄茶（蒙顶黄芽），白茶（寿眉），黑茶（安化黑茶）。

2. 器具准备

白瓷盘、盖碗、玻璃公道杯各12个。

3. 训练步骤

1）依次选取同类茶的优劣茶叶进行对比，观察干茶的外形、颜色、香气。

2）分别用盖碗冲泡优劣茶叶，茶汤倒入玻璃公道杯，看优劣茶的汤色。

3）闻碗盖香，分辨优劣茶叶的香气，品茶汤滋味。

4）将泡开的茶叶倒入白瓷盘，看叶底的色与形。

5）填写茶叶优劣审评表（见表 2-28）。

表 2-28　茶叶优劣审评表

名称	质量	形状	颜色	香气	汤色	叶底	触感
龙井	优质						
	劣质						
祁门红茶	优质						
	劣质						
铁观音	优质						
	劣质						
蒙顶黄芽	优质						
	劣质						
寿眉	优质						
	劣质						
安化黑茶	优质						
	劣质						

技能训练 3　六大茶类冲泡技巧

1. 材料准备

六大茶类各准备两种典型品种：绿茶（龙井、碧螺春），红茶（滇红、祁门红茶），乌龙茶（武夷岩茶、凤凰单丛），黄茶（蒙顶黄芽、平阳黄汤），白茶（白毫银针、白牡丹），黑茶（茯砖茶、安化黑茶）。

2. 器具准备

1）煮水器具：随手泡、陶火炉。

2）泡茶器具：茶壶、盖碗、玻璃杯、茶罐、茶则、茶荷、茶匙、茶夹、茶针、茶筒、茶漏。

3）饮茶器具：公道杯、闻香杯、品茗杯、壶承、杯托。

4）洁净器具：茶盘、水注、水方、水盂、茶巾、盖置、养壶笔。

5）测量工具：计时器、温度计、量杯、厨房秤。

3. 训练步骤

1）依次选取一款茶叶。

2）选择茶叶所需泡茶茶具，并冲泡茶叶。

3）填写茶叶冲泡训练表（见表2-29）。

表2-29 茶叶冲泡训练表

名称	茶水比例	冲泡温度	冲泡时间
龙井			
碧螺春			
滇红			
祁门红茶			
武夷岩茶			
凤凰单丛			
蒙顶黄芽			
平阳黄汤			
白毫银针			
白牡丹			
茯砖茶			
安化黑茶			

技能训练4 调味红茶冲泡技巧

1. 材料准备

1）准备3份不同品种、外形相差较大的红茶：祁门红茶、阿萨姆红碎茶、滇红。

2）准备辅料：牛奶、蜂蜜、糖浆、玫瑰花、柠檬、葡萄酒。

2. 器具准备

1）煮水器具：随手泡、陶火炉。

2）泡茶器具：茶壶、盖碗、玻璃杯、茶罐、茶则、茶荷、茶匙、茶夹、茶针、茶筒、茶漏。

3）饮茶器具：公道杯、闻香杯、品茗杯、壶承、杯托。

4）洁净器具：茶盘、水注、水方、水盂、茶巾、盖置、养壶笔。

5）测量工具：计时器、温度计、厨房秤。

3. 训练步骤

1）依次选取一款红茶。

2）选择该款红茶需要的茶具和辅料，并冲泡调饮红茶。

3）填写调味红茶冲泡训练表（见表 2-30）。

表 2-30　调味红茶冲泡训练表

名　称	辅　料	调饮方式	成品效果
祁门红茶			
阿萨姆红碎茶			
滇红			

复习思考题

1. 熟记 12 款著名绿茶、4 款著名黄茶的产地及特点。
2. 熟记主要白茶、乌龙茶、红茶、黑茶的等级、产地及特点。
3. 简述茶叶陈化的表现特征、原因，以及新茶和陈茶的辨别方法。
4. 干茶审评、内质审评的内容有哪些？
5. 如何进行茶叶等级的评定？
6. 如何鉴别瓷器、陶器茶具的质量？
7. 如何布置茶艺冲泡台？
8. 掌握茶叶冲泡的三要素。
9. 掌握西湖龙井、君山银针、安溪铁观音、祁门红茶、茉莉花茶、普洱茶熟茶的冲泡方法。
10. 现代茶艺用水的要求有哪些？
11. 如何制作调饮红茶？
12. 如何安排不同类型的生活茶艺？

项目 3

茶间服务

茶间服务
茶品推介
茶点与茶类的搭配
根据季节搭配茶点
科学饮茶与人体健康基本知识
中国名泉知识
茶品推介常见问题的解答
商品销售
茶叶贮存与保管知识
名优茶品、特殊茶品销售基本知识
名家茶器和柴烧、手绘茶具源流及特点
家庭茶室用品选配基本要求
茶商品调配知识

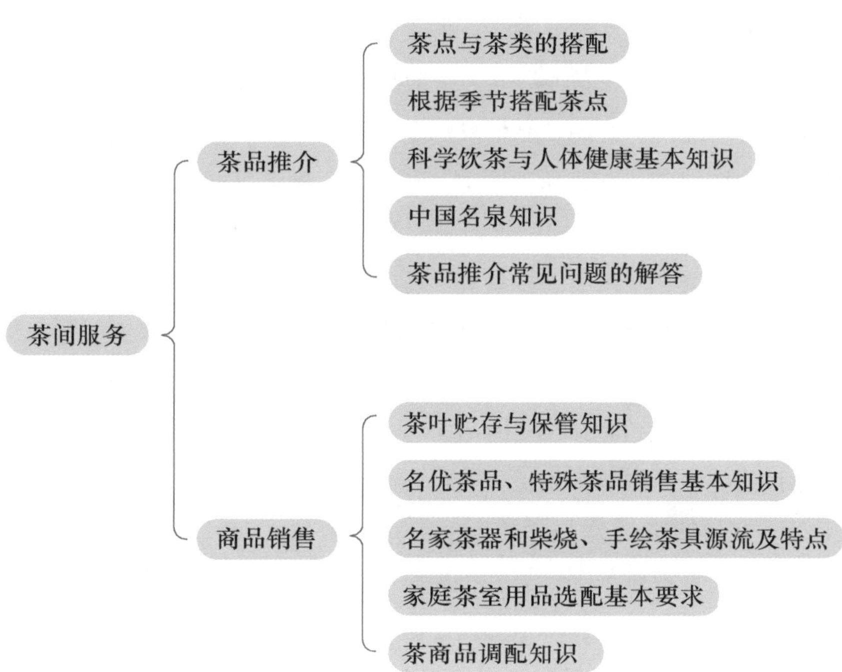

3.1 茶品推介

3.1.1 茶点与茶类的搭配

饮茶佐以点心的历史悠久，唐代即已盛行。唐代茶宴中的茶点十分丰富，其中的粽子与今日做法相同。品茶时，除了茶叶本身和冲泡的技巧之外，茶点也是十分重要的角色。首先，茶点要能带给人视觉上的享受，外形、颜色、大小等要给人以适度的美感。其次是味道，无论什么种类的茶点，味道或浓或淡，或甜或咸，都要恰到好处。再次，营养价值也十分重要，只有这样方能与名优茶相匹配。一般来说，喝茶搭配茶食的原则可概括成一个小口诀，即“甜配绿、酸配红、瓜子配乌龙”。所谓甜配绿，即甜食搭配绿茶，如用各式甜糕、凤梨酥等配绿茶；酸配红，即酸的食品搭配红茶，如用水果、柠檬片、蜜饯等配红茶；瓜子配乌龙，即咸的食物搭配乌龙茶，如用瓜子、花生米、橄榄等配乌龙茶。

1. 茶点的类别

常见的茶点有水果类、坚果类、粮食类、花卉类及菜品类。

（1）水果类　通常食用水果可以根据季节来选择：春天乍暖还寒的时候，最适合温补，食用苹果、橙子、香蕉和樱桃可以避免困乏；夏天可以选择西瓜、木瓜、菠萝、葡萄等伴茶；到了秋冬季，梨和甘蔗可以多食用，生津止渴，避免干燥。此外，将各种水果切成小块，用淡味的色拉酱拌匀，做成水果色拉，也是很好的佐茶食品。

（2）坚果类　常见的坚果分为两类：一类是树坚果，包括核桃、杏仁、腰果、榛子、松子、板栗、开心果、夏威夷果等；另外一类是植物的种子，如葵花子、南瓜子、西瓜子、花生等。坚果中主要含有蛋白质、不饱和脂肪酸、各类维生素、微量元素和膳食纤维等。

（3）粮食类　以粮食为主要材料制成的茶点种类缤纷，是茶点中所占比重最大的品种。北方多面粉类的点心，如艾窝窝、蜂糕、开花馒头、烧饼、花馍、包子、油饼、龙须面等；江南米粉点心与面粉点心都不少，如千层油糕、蒸饺、烧卖、糕团、船点、生煎馒头、麻团、茶馓等；南方多米粉点心，如肠粉、粉果、虾饺、米线等。还有全国各地都有的各种西点等。

（4）花卉类　食用花卉在我国古代就有，历史悠久，种类丰富。据统计，可食用的花卉共有180多种。常见的有荷花、玫瑰、梅花、桂花、槐花、白玉兰、万寿菊、茉莉花、金银花……花卉可加工制作成糖果、糕点食品。例如：玫瑰制成玫瑰糖酥、玫瑰蜜饯、玫瑰月饼、玫瑰甜羹等；用桂花做香料可制成桂花糕、桂花糖、桂花汤圆，香甜适口；将紫薇花、刺槐、梨花等用热油烫过，加糖调味，即可食用，是口味清新的江南小吃。用花卉加工成的茶点，保留了原有的花香，味道清爽，美味可口。

（5）菜品类　用来配茶的菜品有荤有素，但总的来说，以素为主。根据地域的不同，分为京式点心、苏式点心、广式点心、港式点心等；制作方法有蒸、烤、炸；根据配料的不同又有荤素之分。还有根据文化类型来分的，有西式点心、日式茶点、韩式点心等。西式茶点种类相对较少，主要有饼干、松饼、蛋糕、水果派、三明治等。

2. 绿茶、黄茶、白茶与茶点的搭配

绿茶搭配茶点首先选择本地区的茶点更为适宜，如江苏扬州的拼配花茶魁龙珠，搭配当地的包子、蒸饺等口感稍油腻的茶点就比较合适；江浙皖一带的绿茶搭配当地的五香豆腐干口感相得益彰；四川的绿茶，在吃了麻辣味的食物后饮用，青味也就没那么明显了。另外，日本抹茶有清新的海苔味，但味道较苦涩，配上甜味的和果子，滋味也就显得柔和了。

不在具体的产茶地时，饮用绿茶可以统一搭配甜味的点心，因为绿茶鲜爽，有时口感会有些苦涩。但需要注意茶点不能太甜，否则茶点盖过茶味，就无法品味出绿茶原本的韵味了。还有像榴梿酥、巧克力这样的点心，因为味道太重，容易盖过茶味。像绿豆糕、山药糕、冬瓜糖等清甜爽口的点心，都是不错的选择。

黄茶在制作工艺上只是比绿茶多了闷黄的工艺，口感不如绿茶清新，却也没有细嫩绿茶容易出现的青味。在明清时期，大多数黄茶是充作边茶的，少量细嫩的黄茶在江浙地区一般是吃包子、饺子等面点、米点时饮用的。

白茶中的白毫银针口感清甜，毫香明显。搭配食物时，宜选择一些有清新植物气味的茶点。咸味的如广东的糯米鸡、扬州的翡翠烧卖都很合适，甜味的如冬瓜糖、金橘饼等也很合适。

3. 红茶、乌龙茶与茶点的搭配

红茶总的来说风味以香甜为主，芽头幼嫩的则滋味清淡，芽叶粗大的则滋味厚重。

1）从红茶的风味上来说，比较适合搭配酸甜味、果香味和奶香味的茶点。甜酸口味的茶点可以抵消红茶略带苦涩的口感，奶油味的点心会让红茶的口感变得更柔滑。具体到各种红茶，仍然是有差异的：金骏眉和信阳红这类红茶，滋味清甜，比较适合果脯、蜜饯、柑橘类水果；祁红、英红口感相对厚重些，适合搭配果干、笋脯之类，配蜜三刀、透糖、蜜汁豆干也很好；小种红茶、大吉岭红茶、锡兰红茶搭配饼干、泡芙、奶油蛋糕、果脯、酸枣糕、乌梅糕、话梅杏干、桃脯或梅子等。

2）乌龙茶有闽北乌龙、闽南乌龙、台湾乌龙和广东乌龙 4 大类。乌龙茶是半发酵茶，口感介于绿茶和红茶之间，茶汤入喉徐徐生津，用咸鲜或香甜的点心来配，能保留茶的香气，不破坏原有的滋味。

① 闽北乌龙的发酵程度与烘焙程度在乌龙茶中都是最高的，干茶黑黄，茶汤黄亮，有明显的火香，滋味浓爽醇厚，岩韵明显。武夷山特产孝母糕，外皮松软，清香扑鼻，馅料清

甜，滑而不腻，吃到嘴里糯糯的，比较适合搭配闽北乌龙茶，另外闽生果的酥脆香甜也适合闽北乌龙的风味。

② 闽南乌龙的发酵程度较轻，干茶砂绿，茶汤醇厚鲜爽、香气浓郁清高持久，比较适合搭配香甜的茶点，如油舌饼、凤梨酥、闽生果等，也可搭配荤馅的馄饨。豆腐干、咸橄榄等咸鲜口味的点心也很适合。

③ 台湾乌龙的风味与闽南乌龙相近，发酵程度更轻，茶汤鲜爽，香气清高，有近似煮玉米的甜香，适合搭配凤梨酥、蜜饯、太阳饼、肚脐饼等清甜茶点，也可以搭配蚵仔煎等鲜咸的点心。台湾乌龙中的东方美人发酵度较高，接近红茶风味，适宜搭配些酸甜带果味的点心，如果脯、蜜饯之类的，也可搭配奶油味的点心。

④ 广东乌龙的发酵程度在闽南乌龙与闽北乌龙之间，烘焙程度也介于闽南乌龙与闽北乌龙之间，芳香持久，茶汤醇厚耐泡，比较适合搭配虾饺、蚝油凤爪、糯米鸡、肠粉之类咸鲜味的点心，搭配双皮奶、杏仁酪之类的甜品也很合适。

4. 黑茶与茶点的搭配

黑茶包括云南普洱茶、湖南黑茶、湖北黑茶、广西六堡茶、四川边茶等。黑茶的风味大体相近，以陈香为主，茯砖茶则有菌花香，口感醇厚。在搭配茶点方面，多以米粉点心为主，味道也较为深厚。

普洱厚重，喝多了容易有饥饿感，出现茶醉。热量较高的点心恰好搭配。而普洱的味道也能很好地包容甜度高和偏油的点心。含油的酥饼、乳扇、苏州的传统点心、豆沙馅的米糕、如意凉糕、米糕这样的点心与普洱都很合适，食用的时候也不会觉得太过甜腻。老岩茶、沱茶，以及浓郁的老茶泡到 20 多泡依然有滋有味，所以慢斟慢饮的同时需要偏甜的点心来配合。

茯砖茶有菌花香，口感醇厚，舌上有微麻的感觉。搭配茶点可以稍偏油偏咸一些，甜味也很适合。比如叶儿粑、乳扇、烧烤的肉串、熏肉类制品等。另外像重油重辣的面条类点心也适合搭配茯砖茶。

5. 茶品与茶点的配置与摆放

如茶点茶果追求小巧、精致、清雅，则盛装器皿也当如此。所谓小巧，是指器皿的大小不能超过主器物；所谓精致，是指器皿的制作，应精雅别致；所谓清雅，是指器皿的造型应具有一定的艺术特色。

一般来说，干点宜用碟，湿点宜用碗；干果宜用篓，鲜果宜用盘；茶食宜用盏。

色彩上，可根据茶点茶果的色彩配以相对色。其中，除原色之外，一般红配绿、黄配蓝、白配紫、青配乳为宜。另外，各种淡色均可配深色。

有些盛器里常垫以洁净的纸，特别是装有一定油渍、糖渍的干点、干果时，常垫以白色花边食品纸。

茶点茶果一般摆置在茶席的前中位或前边位。

3.1.2 根据季节搭配茶点

古人总结一年四季食物的口味特点，有“春多酸、夏多苦、秋多辛、冬多咸，调以滑甘”的规律，季节茶点的搭配也应遵循这个原则。

1. 春季茶点搭配

春多酸，并非指春季的茶点一味的酸。微酸是清新滋味的重要特征，但是要跟甘结合起来。唐代医家孙思邈说：“春七十二日，省酸增甘，以养脾气。”因此，春多酸指的是清淡的饮食，在茶食的搭配上应考虑时令蔬果，同时可以吃些低能量、高植物蛋白、低脂肪的食物。

果类中樱桃、枇杷、草莓、油桃等味道清甜爽口；蔬菜类中春笋、新藕、茼蒿杆、香椿芽、豆腐干滋味清鲜，有新春的气息；米面点心中，春季有应景的青团、荠菜圆子、樱花饼、驴打滚等。其中，青团是清明时节南方常见的点心，最常用的原料是艾蒿、糯米粉、豆沙馅。艾蒿是用来调色的，本身也有清香，用沸水烫后再绞碎取汁与糯米粉调成团，包上豆沙馅。没有艾蒿的地方也有用小麦苗、松针的。食时冷热均可，但以温热的口感最佳。鲜笋用来配茶，最佳做法是直接用盐水带壳煮，吃的时候由客人自己剥壳。

2. 夏季茶点搭配

夏季对应的味道是苦味。而茶味本就微苦，所以这样的茶点应以清甘为主。乳瓜、芝麻、笋、西瓜、番薯、杨梅、圣女果、绿豆等都是较好的搭配。

绿豆制成的桂花绿豆糕味道清香绵软，色泽绿中带黄，是清凉解暑的风味食品，也是端午前后的节令食品；同样属于初夏重要节令食物的粽子，也是我国最早用来配茶的点心；香榧子富含钾元素，可以补充人体夏季流失的钾元素；荷叶糯米鸡也是初夏配茶的美食，还有江南水乡的桂花鸡头米（芡实）、新鲜的藕尖可以用桂花糖来腌制；马蹄糕、西瓜糕制成后在冰箱里冷藏一下，适合在饮茶之前享用；薄荷西米露晶莹剔透，清凉可口，是炎夏佳品，但是在制作时薄荷的用量不宜太大，以免盖住茶香，适合搭配的茶是花茶。

荤食类用作茶点，在夏季可选择气味清淡的河虾，如淡糟浸渍的虾仁，配上新鲜的鸡头米或豌豆仁，色香味都清凉宜人；广式点心中的虾饺，馅料清鲜，外皮爽滑，比较符合夏季的口感；水晶冻凤爪清淡不腻，配夏季的任何一款茶都是合适的。

3. 秋季茶点搭配

秋季对应的味道是辛。从茶叶来说，绿茶在这个季节喝起来已经不是很新鲜，乌龙茶与红茶在色彩上就很适合这个季节，所以秋季茶点的搭配应围绕乌龙茶与红茶。

果品类应该以梨子、橘子、柚子、苹果、猕猴桃、山楂等为主。这些果品的使用各有讲究。梨子清甜生津、润燥降火，秋季用来配单丛类的茶比较合适，如果是冰糖蒸梨，配红茶也很好；苹果生食或熬膏（果酱），有补脾气、养胃阴的作用，适合于中气不足、神疲纳差的饮茶者；橘子和柚子甘酸可口，有开胃的效果，橘子更适合搭配红茶，而柚子搭配乌龙茶更好一些；猕猴桃配各类茶都可以。

菜品类茶点中，芽姜是辛而不燥的典型，开胃去腥，用来祛早晚的寒气、掩盖食物中的腥味都是很好的；藠头外形似蒜，腌渍后并不像蒜那样气味熏人，也可用作荤茶食中的佐味食物；蛋黄焗南瓜香气浓郁，南瓜本就是不需要盐就很可口的菜，口感软绵香甜，加上咸蛋黄淡淡的咸味与浓浓的香味，色香味均适合秋天配茶；五香肉干的香味与岩茶很搭配，风味上辛而不燥；江苏镇江的水晶肴肉与高邮的蒲包肉，还有各种香肠、香肚都是非常适合秋季的荤茶食。

米面类首选桂花米糕，桂花的甜香就是秋季的味道，与米粉搭配也是天作之合；月饼作为秋季时令点心，虽油糖太重，已经不太适合现代人的味觉，但制作得清淡一些搭配乌龙茶与红茶也不错；糖蒸芋头清香滑腻，配上绵白糖的清甜，适合搭配红茶、花茶之类，如果是红烧的芋头，配黑茶也合适。

4. 冬季茶点搭配

冬季对应的味道是咸。冬季饮用温暖的红茶或普洱较多，桂花或玫瑰花窨制的茶也是这个季节的佳饮。所以冬季茶点应围绕这几类茶来搭配。

冬季配茶的果品不宜太凉，用柑橘类配茶时，可以放在火上烤一下，但苹果之类不宜加热，加热后口感太酸软；果干类很适合冬季配茶，如香蕉片、番薯干、蜜枣、栗子、猕猴桃干、山核桃等各类食材，相应地，用这些果干或坚果做的点心也很适合，如芝麻糖、花生糖、核桃酥等。

荤食是这个季节最受欢迎的，但个头不宜大。如南翔小笼包、生煎包、叉烧包、水晶汤圆等，这类茶点宜热食。

菜品类茶点中，胡辣汤是一款很家常的食物，在冬季的北方喝一碗就浑身暖和；热卤的兰花豆腐干，煮的时候加一点花椒可以增加温暖的气息。煮茶叶蛋的时候，可以放一些茶叶来增香，普洱茶、铁观音是比较适合的茶品，红茶与绿茶则容易使煮出来的鸡蛋味道偏苦，煮好的茶叶蛋也是佐茶佳品。

千层油糕、枣泥发糕、桃酥、蜜三刀、糖油糍粑等偏甜的点心是冬季常见的，也是适合搭配红茶、乌龙茶和黑茶的茶点。

3.1.3　科学饮茶与人体健康基本知识

1. 绿茶的内含成分及保健作用

绿茶的主要内含保健成分有茶多酚、咖啡因、氨基酸、叶绿素等。

（1）茶多酚　在绿茶中的含量占了茶叶化学成分总量的25%。茶多酚的主要成分是儿茶素、黄酮、花青素及酚酸等。其中，儿茶素是茶多酚的主要成分。茶多酚有广泛的保健功效，有一定的抗氧化作用。研究表明，茶多酚等活性物质具有一定的解毒和抗辐射作用。

（2）咖啡因　绿茶主要是通过咖啡因来形成气味的，其含量为2%~5%。咖啡因有提神醒脑、强心活血及利尿的作用。定期饮用绿茶或咖啡可降低卒中风险。黄茶的树种、生产工艺与绿茶类似，成分含量及风味特点也相差不大，其保健作用可以参考绿茶。

2. 白茶的内含成分及保健作用

白茶中叶绿素含量比绿茶低，如果含量高，会影响干茶和叶底色泽。儿茶素的酶性氧化产物茶黄素与茶红素是构成白茶汤色与滋味的组分之一。因白茶未经揉捻，酶与多酚类化合物并未充分接触，氧的供应量也少，其次级氧化进行得缓慢而轻微，致使白茶汤色与滋味浅淡，不如其他茶叶浓烈。

白毫内含物质丰富，其氨基酸含量高于茶身，是白茶香气的基础物质之一。白茶萎凋过程中，随着酶活性的提高，叶中蛋白质水解，生成具有鲜味和甜味的氨基酸，在萎凋初期，糖一方面因水解而生成，另一方面因氧化和转化而消化，此时糖处于生成与消耗的动态平衡中。至萎凋后期，当糖的生成大于消耗时，才有所累积，它对白茶滋味的甜醇有着重大贡献。糖在后期干燥中参与了香气的形成，糖的总量趋于减少。

传统的福建白茶咖啡因含量较低，且比绿茶和红茶有更强的抗氧化活性，使其成为限制咖啡因摄入的饮茶者的选择。

3. 乌龙茶的内含成分及保健作用

乌龙茶中叶绿素含量比绿茶低，如果含量高，会影响干茶和叶底色泽。乌龙茶中所含的多酚类、氨基酸（茶氨酸）、咖啡因、类胡萝卜素、醚浸出物和还原糖含量直接影响着制茶的品质。较成熟的新梢叶片儿茶素含量较少，还原糖含量较高，为醇厚滋味奠定了物质基础。

乌龙茶有提神醒脑的功效。每天喝乌龙茶或绿茶，在一定程度上可以预防高血压。

4. 红茶的内含成分及保健作用

由于红茶经过发酵，叶绿素被大量破坏，大部分变为黑褐色物质；另外茶叶中的茶多酚，氧化后也会产生褐色的物质；茶叶中糖、果胶、蛋白质等有机物，附于叶表，干燥后也呈现黑褐色或乌黑色。发酵适度的叶色以黄红（夏茶红黄）为主，红茶对叶绿素含量的要求是比绿茶低，如果含量高，会影响干茶和叶底色泽。因红茶不经过高温杀青处理，茶多酚变化剧烈，尤其经过发酵以后（渥红），茶多酚大量氧化，颜色加深，变成红黄色、红褐色物质，主要有茶黄素、茶红素、茶褐素，统称为红茶色素，所以优质红茶茶黄素与茶红素含量较多。经过发酵，叶色由绿变红，形成红茶红叶红汤的品质特点。金黄色的红茶汤主要是因为茶黄素和茶红素。涩味物质主要有茶多酚类、醛、铁等物质，其中儿茶素类尤为重要。加工时通过氧化将青草味的物质转化为熟果香、花香、蜜香等芳香物质，构成红茶的香气。

红茶含有咖啡因。它还含有一点叫作茶碱的刺激物质。两者都可以加快心率，让感觉更加敏锐。

红茶中的抗氧化剂可以辅助减少动脉粥样硬化，尤其是女性。它还可以在一定程度上帮助降低心脏病发作和心血管疾病的风险。

5. 黑茶的内含成分及保健作用

黑茶干茶的褐黑色，是由叶绿素、β-胡萝卜素、叶黄素和黄酮类物质及其产生的各种色度不同的氧化聚合物而形成的，因叶绿素保留量极微而被其他色素所掩盖。黑茶中茶褐素的比例较红茶高，它常与茶叶中蛋白质等物质结合形成难溶于水的深色高聚物，这是黑茶外形和叶底色泽的另一个重要色素物质。

黑茶的茶汤呈现棕红、棕黄、栗红、栗褐、紫红。茶汤颜色主要成分为儿茶素的氧化聚合物茶黄素和茶褐素。黄色的茶黄素、红色的茶红素及褐色的茶褐素等物质，组成汤色黄、橙、棕等色泽，是黑茶汤色的主体成分。黑茶茶汤中的茶黄素和茶红素之和与茶褐素的比值可反映汤色的深浅，比值越小，汤色越深，成品黑毛茶中此值为 0. 75 左右，与红茶中的大于 1 相差较大，这就是黑茶茶汤色泽呈橙黄或橙红而不是红茶的红艳或红亮的原因。

多酚类物质味苦涩，黑茶中保留的多酚类物质较少，主要是儿茶素物质，其中多数为游离型儿茶素，故苦涩味较轻。同时，多酚类物质、儿茶素的氧化产物——颇具辛辣味的茶黄素含量较少，而刺激性较弱的茶红素含量却较多，因而使黑茶滋味变得醇和。

黑茶含有丰富的咖啡因、维生素、氨基酸、磷脂等，有助于消化，调节脂肪代谢。黑茶不仅含有丰富的抗氧化物质，如儿茶素、茶色素、黄酮类、维生素 C、维生素 E、维生素 D、α-胡萝卜素等，还含有大量的微量元素。其中儿茶素、茶黄素、茶氨酸和茶多糖，特别是黄酮类化合物含量较高，具有抗氧化、清除自由基和延缓细胞衰老的作用；茶中的儿茶素和咖啡因可以放松血管壁，增加血管的有效直径，通过血管舒张降低血压。

黑茶中的茶多糖复合物是降低血糖的主要成分。茶多糖复合物通常称为茶多糖，是一种在混合物中变化的复合物。研究表明，与其他类型的茶相比，黑茶具有最高的茶多糖含量。黑茶中的茶多糖比任何其他种类的茶更活跃，所以在降低血糖方面优于其他茶叶。

茶黄素和茶红素是制造黑茶茶汤颜色的主要成分。茶黄素被誉为茶叶中的“软黄金”，有一定的调节血脂、预防心血管疾病的功效。茶红素具有抗氧化、延缓衰老、消炎作用。

6. 饮茶的时间

了解了茶性、茶的功效、人体质的差别，那么饮茶的时机、宜忌也就都清楚了。

茶性：总的来说，茶性是偏寒凉的，但不同的茶，其性味是不一样的。不发酵的绿茶是寒凉的，发酵的红茶是温性的，而乌龙茶与普洱茶介于两者之间。

功效：提神、清头目、利尿、清热消暑、消食、生津止渴，具有一定的降血压、降血糖、降血脂等功效。

体质：按中医的说法，人的体质也有寒热之分。女性、老人寒性体质的较多，青壮年热性体质的较多。

知道了这些，我们再来看最佳的饮茶时机。

从一天的时间来说，早晨饮一杯清新的绿茶可使人一天当中都神清气爽，下午饮茶可以摆脱午后的困乏，晚上饮茶则易使人难以入睡。从一年的季节变化来说，春夏季宜喝绿茶，秋冬季宜饮红茶、普洱。用餐前后的饮茶也很有讲究，喝过茶后，马上就吃饭是不妥的；吃过饭马上就喝茶也不妥；用餐过程中，一边吃菜一边喝茶更不合适。因为茶水冲淡了人的唾液和胃液，会影响进食的胃口；茶水中的茶多酚会与食物中的铁元素和蛋白质发生反应，影响消化和吸收。

空腹饮茶是饮茶的大忌。人在空腹时，血糖较低，如果此时饮茶，特别是饮浓茶，会出现“茶醉”的情况。茶醉时，人会出现头晕、腿软、全身乏力等症状，与醉酒有点像。空腹喝咖啡也会出现这种情况。茶醉特别容易出现在体质较弱、血压偏低的人身上。中国人很早就发现了这个问题，于是在喝茶时，都会准备一些点心。日本茶道中有“怀石料理”，分量很少，不能饱腹，也是为了解决茶醉问题而设的。

因为茶中含咖啡因，故孕产妇不宜饮用。

3.1.4 中国名泉知识

从陆羽以后，茶人们对于优质泉水一直是情有独钟的，人们发现了越来越多的宜茶泉水，这些名泉通常也是与名茶共生的。以下所列泉水只记其最早出名的朝代。

1. 唐代的名泉

（1）扬子江南零水　也叫中泠泉、中零泉、中泠水、南零水，唐代张又新在《煎茶水记》中，称此泉被刘伯刍评为第一泉，被陆羽评为第七泉，现位于江苏镇江金山寺以西的石弹山下。镇江周边地区自唐朝开始就出产茶叶，也是陆羽经常采茶的地方。

（2）无锡惠山寺石泉水　也叫惠泉、慧泉，据《煎茶水记》所载，被刘伯刍与陆羽同评为天下第二泉，是唐代泉水中最无争议的优质泉水，在江苏无锡惠山第一峰白石坞下的锡惠公园内。

（3）苏州虎丘寺石泉水　据《煎茶水记》载，被刘伯刍评为第三泉，被陆羽评为第五泉。

（4）丹阳市观音寺水　据《煎茶水记》载，被刘伯刍评为第四泉，被陆羽评为第十一泉。南宋时被称为玉乳泉，在江苏丹阳观音寺内。这里也是陆羽曾经旅居并经常采茶的地方。

（5）扬州大明寺水　据《煎茶水记》载，被刘伯刍评为第五泉，被陆羽评为第十二泉。宋代，欧阳修曾于此作《大明水记》，对大明寺的泉水非常赞赏。

（6）吴淞江水　据《煎茶水记》载，刘伯刍将其评为第六，陆羽将其评为第十六。吴淞江是黄浦江的支流，即今天的苏州河。

（7）淮水　据《煎茶水记》载，刘伯刍将淮水评为第七，陆羽评为第九。但两人所评的可能有些不同，陆羽所说的是唐州（今河南唐河县）柏岩县淮水源，刘伯刍所说的可能是淮河中的水。淮水源在今天的河南南阳桐柏县，其东侧的信阳是著名的信阳毛尖产地。

（8）庐山康王谷水帘水　也称为三叠泉。据《煎茶水记》载，被陆羽评为第一泉。庐山招贤寺下方桥潭水，据《煎茶水记》载，也叫招隐泉，被陆羽评为第六泉。

（9）蕲州兰溪石下水　据《煎茶水记》载，被陆羽评为第三泉，在湖北蕲水县东，据《蕲水县志》记载："近河面陡峭石壁下，有瓮口石穴，约深三尺，泉自其中流出，清澈见底。以水烹茶，味极甘洌。"

（10）虾蟆口水　据《煎茶水记》载，被陆羽评为第四泉，说"峡州扇子山下有石突然，泄水独清冷，状如龟形。"俗称虾蟆口水，在宋代享有盛名，欧阳修、范成大、黄庭坚、陆游等人都曾在此流连作诗。

（11）洪州西山西东瀑布水　在江西南昌，据《煎茶水记》载，被陆羽评为第八泉。这里也被称为洪崖丹井，为豫章十景之一。

（12）庐州龙池山岭水　据《煎茶水记》载，被陆羽评为第十泉。在安徽合肥，也称为隆池。

（13）汉江金州上游中零水　在陕西安康，据《煎茶水记》载，被陆羽评为第十三泉。这一泉水在唐宋时较为著名，宋代范仲淹《和章岷从事斗茶歌》云："鼎磨云外首山铜，瓶携江上中冷水"吟咏的就是汉江斗茶情况。

（14）归州玉虚洞下香溪水　据《煎茶水记》载，被陆羽评为第十四泉，位于湖北秭归，石壁峭空，洞门宏敞，钟乳下滴，即使在三伏天也凉爽如深秋。

（15）商州武关西洛水　在陕西商州。据《煎茶水记》载，被陆羽评为第十五泉。商州古代不产茶叶，近些年来也开始有茶叶生产。

（16）天台山西南峰千丈瀑布水　天台山是浙江的名山，千丈瀑布水位于天台城北天台山西南紫凝峰，据《煎茶水记》载，被陆羽评为第十七。

（17）柳州圆泉水　应该是指湖南的郴州而不是广西的柳州，为郴阳（元代把郴州叫郴阳）八景之一。据《煎茶水记》载，被陆羽评为第十八。

（18）桐庐严子陵滩水　在严州府钓台下（今天的浙江桐庐），泉水甘美，据《煎茶水记》载，被陆羽评为第十九。严子陵钓台下的富春江水清澈见底，至今仍是优质的水源。

（19）金沙泉　金沙泉在顾渚山下，在唐代因"碧泉涌沙，灿若金星"而得名。这里是唐代著名贡茶顾渚紫笋的产地。

（20）渭水　唐代渭水烹茶也很有名气，白居易诗《萧员外寄新蜀茶》中说："蜀茶寄到但惊新，渭水煎来始觉珍。”是说蜀茶须用渭水来煎才会格外好。

（21）陆羽茶泉　在湖北天门竟陵西塔寺内，传为陆羽所住过的寺院，大历后不久已荒废，但泉水依旧风味不减。

2. 宋代的名泉

（1）白云泉　在苏州胥台古郡附近的天平山白云亭东侧，为裂隙泉，是天然的优质泉水，清澈透明，醇厚甘洌。

（2）北苑龙凤御泉　在建州（今福建建瓯）的北苑凤凰山，这里山形飞动，两翼张开，山麓有一泉，甘美异常，用来烹茶，味道清新醇和。因这里造龙凤团茶，所以泉也就叫龙凤泉了。这里的泉水每年造茶时可日取百斛，待完工后，泉水也随之枯竭，因此也被称为“禁泉”。

（3）浮槎山泉水　在庐州慎县南（今安徽合肥），水质上佳，欧阳修尝了之后赞赏不已，认为比《煎茶水记》中评为第十的龙池山泉水要好，与无锡惠泉水质不相上下。

（4）琼州惠通泉　在琼州东的三山庵（今海南琼山），水味与惠山相近。苏东坡路过琼州时，三山庵的僧人用这里的泉水招待他，并请他为泉水起个名字，苏轼就为此泉起名惠通。

（5）西湖参寥泉与六一泉　参寥泉在杭州西湖智果寺内，出于石缝之间，甘冷宜茶。六一泉在杭州孤山下。苏东坡说：“孤山下，有石室。室前有六一泉，白而甘。”

（6）罗浮山卓锡泉　在广东博罗县西北的罗浮山。传说梁大同年间（535—546年），景泰禅师卓锡于此，泉涌而出，因而得名。所谓卓锡，就是将锡杖插入地面。苏东坡游罗浮山，尝了卓锡泉后，认为此泉水味在清远峡之上，而清远峡水又远胜于江北的水，可见此泉水质之好。

（7）长沙白鹤泉　在湖南长沙岳麓山。传说曾有两只白鹤在此停留，泉水因此得名。苏东坡在此做官时，常以白鹤泉水烹茶，他认为这泉水虽比不上惠泉，但称为第三泉也不为过。

（8）金陵钟山八功德泉　此泉在金陵（今天的江苏南京），宋朝时开始被人们注意，苏辙曾有《八功德泉》诗：“君言山上泉，定有何功德。热尽自清凉，苦除即甘滑。颇遭游人病，时取破匏挹。烦恼虽云消，凛然终在臆。”明朝时被朱权评为第二泉。

（9）盱眙玻璃泉　在江苏盱眙县，南宋杨万里在《题盱眙军玻璃泉》中说：“清如淮水未为佳，泉迸淮山好煮茶。熔出玻璃开海眼，更和月露瀹春芽。”他认为这里的水质比淮水要好。

（10）翠云山试茗泉　在江西抚州翠云山。宋代王安石在《试茗泉》中说：“此泉地何偏，陆羽曾未阅。坻沙光散射，窦乳甘潜泄。”宋代陆九韶也作有《试茗泉》，诗中说：“淆之不可浊，凝然如自省。”可见泉水相当清澈。

（11）余杭玉泉　在今天的浙江余杭清涟寺中，源于西山，伏流数十里。金末元初的元好问路过此地，写下了一首《玉泉》诗：“玉水泓澄古殿隅，又新名第不关渠。每因天日流金际，更忆风雷裂石初。百里官壶分韵胜，千人斋粥荐甘余。八功德具休夸好，玩景台荒有破除。”

（12）济南趵突泉　从陆羽开始，人们普遍认为“瀑涌湍漱”的水不宜用来烹茶，而趵突泉正是这样的泉水，所以在很长一段时间，人们认为它是天下名泉，却很少用来烹茶。到金、元时期，人们才开始用趵突泉水点茶。

3. 明代的名泉

（1）青城山老人村杞泉水　被朱权评为第一泉。在四川青城山后山何家厂、熊耳山一带，这里与世隔绝，长寿的人很多，在宋代就已很有名。苏东坡认为，此处人长寿的秘密在于水，山溪边上生了很多枸杞树，人们饮了这样的水才得以长寿。

（2）竹根泉水　被朱权评为第四泉。自宋以后，人们普遍认为，竹可以提升水的品质，朱权认为竹根泉水可评为第四，或许是出于这个原因。

（3）京师玉泉　位于北京的玉泉山，明代开始为皇宫用泉水，徐献忠在《水品》中有记载。经过称量，玉泉水在诸多泉水中最轻，被清代乾隆帝评为第一泉。玉泉常年流泉汩汩，晶莹似玉，故此得名。泉水自池底上翻，如沸汤滚腾，称为“玉泉趵突”。

（4）黄山朱砂泉　此泉是温泉，在黄山东峰。又叫灵泉，与奇松、怪石、云海齐名，被称为黄山四绝。

（5）吴兴白云水　在浙江湖州吴兴金盖山，为明代徐献忠所发现，水清冽而甘甜。

（6）四明泉　在浙江余姚四明山巅，泉水甘洌，徐献忠认为超过了天台山千丈岩瀑布水。

（7）姑苏七宝泉　在今天的苏州邓尉山。范仲淹尝后大赞，并命名为七宝泉，有天下第七泉之美誉。

（8）苏州宝云井　在苏州横山尧峰旁的松林中，相传为宝云禅师所开，水味甘寒，最宜泡茶。泉在松间，已是奇观，而此泉深度竟达百尺，更是令人称奇。

（9）怀远白乳泉　在今天的安徽怀远望淮楼附近。泉水的矿物质含量较高，味道甘洌醇厚，用来泡茶尤其可口。

（10）君山柳毅井　在湖南岳阳君山，相传这里是柳毅传书救龙女的地方。柳毅井与洞庭湖近在咫尺，井水却高出湖水许多。

（11）绍兴禊泉　在今天的浙江绍兴，明末时为张岱发现，描述此泉水质轻，入口即逝，容易区分。经张岱发现后，禊泉名声大振，绍兴城里一下多了许多禊泉酒家、禊泉茶馆之类。

（12）绍兴阳和泉　在今天的浙江绍兴阳和岭，也是经张岱品题出名的。张岱认为水质不及原来的禊泉空灵，但清洌过之，更名为阳和泉。

4. 清代的名泉

（1）京师大庖井　位于北京故宫，是清代皇宫的重要水源。黄谏曾经写过《京师泉品》，认为玉泉第一，大庖井第二。

（2）济南珍珠泉　位于山东济南城内，人们一直认为这里的泉水喷涌太盛，正是陆羽所说的不宜烹茶的一类泉水，但可以用来酿酒。被乾隆帝评为第三泉。

（3）伊逊水　在今天的河北承德，是围场的母亲河。乾隆帝经过称重，发现伊逊水与玉泉水的重量一样，就认为两者不相上下，应同列为第一泉。

（4）桃花泉　在今天的江苏扬州。桃花泉在清代盐政署中，其水清澈，用于泡茶，味美色佳。

（5）茗香泉　在临江，今天的江西樟树，是宋代玉津茶的产地，相传泉水有茶香，用来泡茶，更是远胜其他泉水。

3.1.5　茶品推介常见问题的解答

茶品推介一般是指运用一定的推介方式在不同场合进行茶品推广介绍并促成销售或增加茶品知名度及影响力的活动。常见的推介问题有保健问题、价格问题、原产地问题、茶品质问题（外形、香气、口感、干茶颜色、汤色、触感）、包装问题等。下面就实际茶品销售过程中消费者最常发问的各类问题举出一些例子。

1. 保健问题

（1）肯定饮茶的保健作用　从传说中的神农氏，到历代名医都有关于饮茶保健的相关言论，在我们的民俗文化中，也认为饮茶是有益健康的。这不仅是医学上的认识，也是几千年来的经验积累。

（2）不夸大茶的保健作用　茶是食品，不是药品，经常饮茶有益于人的身体健康与精神愉悦，但并不是说饮茶有医药功效。

（3）不是什么茶喝了都有益健康　符合国家茶叶安全标准的茶（污染、农残、重金属、微生物、真菌毒素及放射性都没有超标的被认为是安全的），经过科学的制作方法制作出来的茶才是对健康有益的。粗老茶中的氟含量较高，长期过量饮用会引起机体慢性氟中毒。

（4）茶的寒凉温热是个伪科学话题　茶的寒凉温热的感觉与茶叶当中茶多酚、茶碱的含量有关，茶多酚与茶碱是涩味与苦味的主要来源，不仅会影响人的味觉，也会刺激人的肠胃引起不适。绿茶的茶多酚含量是六大茶类中最高的，因此，刚刚做好的绿茶不宜马上饮用，需要放置一段时间，俗称退火气。红茶与乌龙茶经过发酵，茶多酚的含量减少很多，因此喝起来口感顺滑，但如果大量饮用，还是会对人的肠胃产生刺激。从这点来看，当然不能说绿茶就是寒性的，红茶、乌龙茶和黑茶就是暖性的。另外，大部分绿茶是小叶种茶树的原料做的，茶叶中的果胶成分较少，入口爽利；中叶种和大叶种茶叶中的果胶成分较多，入口较顺滑。所以发酵过的茶叶也就会比绿茶更多一层温和的感觉。

（5）不同人群喝茶宜忌　一般情况下孕妇、小朋友是不适合喝茶的，因为茶中有咖啡因。老年人因为睡眠少，下午及晚上要少饮茶，以免影响睡眠，并且大量饮茶会稀释胃液，影响食物的消化吸收。老年人更适合少量饮用茶性温和的茶叶，如红茶者黑茶等。由于性别差异，一般而言，女性喜欢喝香气馥郁、口感清甜刺激性小的茶，而男性则更喜欢有张力有个性、滋味多元的茶品，一方面是口味的差别，另一方面也是不同性别对于味觉刺激的偏爱。从事脑力活动的人适合喝一些提神醒脑的茶，如绿茶、生普等；工作中说话较多的人适合喝生津止渴、润肺利咽的茶，如菊花茶、决明子茶等；户外工作的人适合喝一些抗氧化效果好的茶，如当年产的绿茶、保健茶等。

2. 价格问题

一般来说，茶叶的价格由几个方面构成：产地、树种、工艺、流行。

1）产地包括原产地、优质产地。原产地在很多人的心目中就是优质产地的代名词，但不是所有的原产地都是最好的产地。优质产地在今天，是指适合现代茶树生长的产地，无污染、无公害是优质产地的必备条件。作为商品的标签，原产地与优质产地都属于稀缺的资源，会成为抬高价格的因素。

2）树种有野生种、群体种和良种等概念，也按照繁殖方法分为有性系与无性系两大类。这些概念在定价中都有可能成为抬高价格的因素，但这些树种各有优缺点。野生种没有经过长时间的人工驯化，往往口感强烈，有荒野味。野生茶与园生茶的风味差异类似于野菜与人工种植蔬菜的差异，既有清新自然的个性特点，同时也有着口感上的粗糙。群体种是有性繁殖的茶树，在自然条件下生长繁殖，并受自然条件影响进化变异的树种；无性系是通过扦插繁殖的，优良茶树品种很多会通过无性繁殖的，品种优点比较固定。不同树种的价格往往会受市场的影响，近些年来古树茶、野生茶受追捧，价格较高。

3）工艺包括传统工艺与现代工艺两大类。传统工艺重视经验，往往是几十年甚至上百年的经验积累，最典型的就是人工采茶手工制作。传统工艺的优点是个性，每个制茶工的习惯、爱好都会在茶里有所体现，缺点是品质不稳定。现代工艺讲究标准化，制茶的每个环节都有数据支撑，品质稳定，制茶时会用到很多大型的机械设备，效率很高，但暂时还不能实现手工制茶对茶叶色香味形的细节控制。传统工艺保存了茶叶一些特殊风味，再加上传统工艺产茶量低，人力成本居高不下，所以手工茶叶价格更高。

4）流行风尚决定了茶叶的市场需求量，当供应量不足时，这一类茶叶的价格会上升。10 多年前，很多人相信普洱茶是可以升值的，于是普洱茶随着年份的增加，价格不断上涨。近些年，古树茶流行，普洱茶、乌龙茶、红茶都有炒作古树概念的，这一类茶的价格也就升上去了。原本价格平平的红茶，因为金骏眉的崛起，价格迅速上升。流行风尚直接影响了人们对于产地、树种与工艺的认识，可以说是影响茶叶价格的主要因素。

3. 名茶原产地问题

原产地涉及很多名茶的价格与品质。很多名茶都会把产地的名称标进去，如西湖龙井、洞庭碧螺春、黄山毛峰、信阳毛尖、庐山云雾、恩施玉露等。国外也一样，大吉岭红茶、阿萨姆红茶、锡兰红茶等。这样的命名方法本就说明了原产地的重要性。

1）西湖龙井茶的原产地是杭州西湖周围的狮峰、龙井、云栖、虎跑、梅家坞5个茶场，此外杭州各地所产的龙井茶只能叫杭州龙井。在杭州以外还有新昌龙井、千岛湖龙井、越乡龙井等。在浙江省外也有很多地方在用龙井的工艺生产茶叶。

2）黄山毛峰产于黄山市黄山风景区和毗邻的汤口、充川、岗村、芳村、杨村、长潭一带。除黄山毛峰外，还有其他一些名为毛峰的茶，品质稍次。

3）洞庭碧螺春的原产地是苏州太湖洞庭东山，洞庭山分东、西两山，洞庭东山是伸进太湖的一个半岛，洞庭西山是一个屹立在湖中的岛屿。现在西山也产碧螺春。碧螺春是非常经典的制茶工艺，很多地方都用这种工艺来制茶，并且也命名为碧螺春。

也有很多名茶的茶名中没有地名，但人们对这些茶的原产地的关注一点也不少。比如，提到金骏眉和正山小种，一定要强调其产地武夷山桐木关；提到七子饼茶，一定说的是产于云南的普洱圆茶。

由于消费者的追捧，也因为原产地的茶在原料与工艺方面质量较高，所以原产地的名茶价格都会比非原产地的名茶高出很多。

4. 茶品质问题

茶的品质包括色香味形等方面。不同的茶类，这几个方面的要求是不一样的。

绿茶的品质要求比较全面，色香味形一点都不能少。绿茶如果有粗大的叶片、花杂的颜色，或者缺少鲜爽味、汤色发黄发红，都表示品质出了问题。黑茶和乌龙茶一般不会强调颜色，口感更重要。

对茶的外形描述容易有共识，但对香气与滋味不太容易有共识，因为每个人的味觉与嗅觉的灵敏度不一样。茶艺师在向客人推荐茶叶时，要多一些生活化的感性词语。比如介绍龙井茶的香味经常用“板栗香、蚕豆香”；介绍红茶的甜香时，经常用“焦糖香、红薯香”。单丛的香气来自加工工艺，窨花的花茶中看不见花瓣，常会被客人误会是添加香料了。

5. 其他问题

（1）包装要简约明细　过度包装是一种浪费，在推荐茶叶时，应该向客人推荐简易的包装。包装上面除了原产地、加工情况、生产日期等信息，也有很多商家会写上这款茶的冲泡方法，这样会让客人觉得商家的考虑很周到。

（2）茶类知识要准确　向客人推荐的时候可以言简意赅地说出这款茶的茶类特点。很多人会把安吉白茶误认为是白茶，把大红袍误认为是红茶，把雨前茶误认为是雨水节气以前的茶，也有很多人会以绿茶的标准来购买明前红茶或乌龙茶等。相关茶叶的基本知识都应该在推荐的时候说清楚，以免客人说错后尴尬。

（3）推介的角度　对于女士，可以推荐一些口感柔和的茶品，如安吉白茶、白毫银针、阳羡雪芽之类，重点介绍这些茶的适口度及丰富的茶多酚对养颜美容的作用；对于老人，可推荐一些滋味浓厚的茶，因为老年人的味觉退化；对于年轻人或新入门的茶客，可推荐一些特点明显的茶，同时要注意突出饮茶的趣味。

（4）经济因素　不同的茶由于其制作工艺、产量、市场及附加值等原因，导致其价格差异较大。一要考虑到不同消费者的经济能力，二要考虑到茶品的性价比。推介性价比高的茶品，适合几乎所有的消费者。

（5）社交因素　喝茶已经成为很多人的生活方式和社交方式。对于这一类客户，应该推荐一些品质较好且市场认知度较高的茶。

（6）休闲享受因素　对于本身爱茶又有一定经济能力的消费者，茶本身的好坏就成为至关重要的选择因素之一。对于这部分饮茶人，要推荐他们自己味觉感受较好的茶叶。

3.2 商品销售

3.2.1 茶叶贮存与保管知识

茶叶制好以后，从贮存到销售再到冲泡之前，其质量会发生一些变化，我们要了解这些变化的现象、原因，然后找到最佳的贮存方法来保证茶叶的品质。

1. 影响茶叶品质变化的内部因素

茶叶质量的变化主要是茶叶中某些化学成分变化的结果。茶叶的化学成分非常多，对风味品质有影响的主要包括：叶绿素、茶多酚、维生素 C、类脂类物质和胡萝卜素、氨基酸及香气成分等。

1）叶绿素是一种很不稳定的物质，在光和热的作用下，尤其是受到紫外线的照射易产生置换和分解反应，形成脱镁叶绿素。这种脱镁叶绿素比例达 70%以上时，茶叶就会出现显著的褐变。绿茶贮藏 1 年后，叶绿素总量减少幅度为 12.79%。叶绿素相对含量低于 30%时，将发生显著褐变。这些裂变产物再经氧化降解还会生成一系列小分子水溶性无色物质，不仅会影响干茶色泽，而且对滋味也有影响。

2）茶多酚是茶叶中含量较多的成分，也是茶叶的特色成分，与茶叶汤色和滋味关系最密切。茶多酚含量决定着茶汤的滋味浓度和收敛性、爽度。茶多酚本是无色的物质，红茶加工过程中，经氧化脱氢等一系列化学反应生成了对汤色、滋味有着重要影响的茶黄素，进一步氧化聚合生成对汤色起重要作用的茶红素。茶黄素、茶红素在茶叶贮藏过程中极易氧化，生成不溶于水的结合物，对汤色和滋味均不利。在几类茶叶中，绿茶的茶多酚保存量最大，但在贮藏中易发生氧化，生成醌类物质，使茶汤的颜色变深。并且这种醌类物质还会和氨基酸发生反应，使茶味变劣。绿茶在茶多酚含量下降 5%时，滋味变淡、汤色变黄、香气降低；下降 25%时，茶叶基本失去原有的品质特点。绿茶贮藏 1 年后，茶多酚减少量可达 10. 92%，其中的主体物质儿茶素减少 39. 99%。

3）维生素 C 是茶叶中所含的重要保健成分，也与茶叶的滋味密切相关，品质好的茶，尤其是绿茶，维生素 C 的含量很高。维生素 C 也是极其活泼的物质，很容易被氧化。绿茶的维生素 C 含量在 80%时，茶叶的质量可以保持得很好，当它的含量下降到 60%时，茶叶的质量就会明显下降。

4）脂类物质是构成茶叶香气的重要成分。绿茶贮藏中香气成分的主要变化是不饱和脂肪酸的亚麻酸和亚油酸等氧化生成低分子的醛、酮、醇类而产生陈味，醇与醛类继续氧化形成大量醋酸，使茶叶产生酸败味。红茶在贮藏中随着脂质的水解和自动氧化，陈味物质及含量增多。茶叶中的类胡萝卜素被氧化后也会产生陈味。

5）氨基酸是茶叶鲜爽滋味的主要来源。茶叶中氨基酸的种类多，含量也高，其中约 50%是茶氨酸。尤其是绿茶，氨基酸含量的高低是评价茶叶质量优次的一个标志。绿茶在贮藏的前两个月，茶氨酸、天门冬氨酸和苏氨酸的变化较大，其他的氨基酸在 2~4 个月内变化较大；贮藏 1 年时茶氨酸大量降解。在贮藏过程中，茶氨酸会与茶多酚自动氧化的产物结合生成暗色的聚合物，使茶叶失去收敛性，并失去鲜爽度。红茶在贮存中，茶氨酸会与茶黄素、茶红素等起反应，使茶汤变暗。存放时间越长，茶氨酸的损失越显著。

2. 影响茶叶品质变化的外部因素

导致茶叶变质的主要因素依次是水分、氧气、光线、温度 4 个方面。

1）水分是茶叶保存的大敌，当茶叶中水分含量在 3%左右时，茶叶的氧化进程缓慢。而当茶叶中水分含量超过 6. 5%时，茶叶存放 6 个月就会产生陈气，茶中各种物质的氧化反应进行得会比较快，表现为叶绿素的迅速降解、茶多酚的自动氧化和酶促氧化，茶叶色泽的变化速度直线上升，含水量越高，陈化越快。当含水量超过 7%时，滋味就会逐渐变差；达到 8. 8%时，就很可能发霉；超过 12%时，霉菌大量生长，有霉味。茶叶的含水量以 4%~5%为佳。

2）氧气几乎可以和所有的元素化合。当茶叶中的酶存在的时候，氧化作用会变得很激烈，即使在酶失活时，氧化作用也可以缓慢进行。茶多酚、维生素 C、叶绿素、游离脂肪酸等汽化后，绿茶汤色变深，红茶汤色变褐色，茶叶香气下降，出现陈味。

3）光线能促进茶叶中的色素和脂类物质的氧化，叶绿素受光的照射易褪色。绿茶在透光环境中放置 10 天，维生素 C 损失 10%~20%。在 25℃环境里，用 1700 勒克斯照度的荧光灯照射 30 天，绿茶颜色变褐，失去绿色，香气和滋味明显下降，维生素 C 全部消失。用 2500 勒克斯照射后，绿茶产生较强日晒味。

4）温度的升高是茶叶中多种物质发生变化的主要因素。实验表明，温度每升高 10℃，干茶色泽和汤叶褐变的速度要增加 3~5 倍；如果茶叶在 10℃以下存放，可以较好地抑制茶叶褐变的进程；在-20℃冻藏，则几乎能完全防止茶叶陈化变质。绿茶在 5℃的环境中贮藏，可保持三绿（干茶色泽绿、茶汤颜色绿、泡后叶底绿）；10~15℃环境里，色泽减退速度较慢；25℃以上时，色泽变化较快。红茶中残留的多酚氧化酶和过氧化酶活性的恢复与温度正相关。在较高温度中贮藏茶叶，茶的陈化速度加快，品质损失较大。

除了上面的 4 个方面外，茶叶还非常容易受到环境中气味的影响。如环境中的霉味、菜味、香水味、香烟味，都会被茶叶吸附，进而影响茶叶原本的气味。

3. 不同茶品的贮存和取用

刚制好的新茶通常比较苦涩，还有“青气”“火气”，经过 3~5 天的存放后，茶叶品质就变得醇和顺滑，这段时期是茶叶的“后熟”期。接下来就是茶叶后续品质的劣变时期。贮藏的目的就是要尽量阻止、延缓茶叶品质的劣变。不发酵的绿茶一般不耐贮存，发酵程度越重，其耐贮存性越好。

不同种类茶叶品质变化的影响因素虽不尽相同，但贮存方法归纳起来有这么几个要点：避光、低温、密封、防潮、防串味。茶叶放在强光下太久时间，会使茶叶的叶绿素被破坏，失去原有光泽，显得枯黄，还会产生日晒味，影响饮用，因此茶叶贮存时要放在光线较暗的地方；潮湿是茶叶变质的主要原因，茶叶特别容易吸湿，如将其放在暴露的空间里很容易吸收空气中的水分，在阴雨天，茶叶在空气中每暴露 1 小时，水分就会增加 1%，当茶叶中的含水量超过 10%时就容易发霉失去饮用价值；茶叶对于气味也特别敏感，如存放茶叶的地方有鱼、肉、葱、姜、香料等有气味的物质，这些气味很可能沾染到茶叶上。除此之外，在贮存时还要注意避免茶叶受到挤压，外形损坏。

（1）冷藏法　在目前的茶叶保鲜技术中，低温冷藏是最有效的方法。贮藏时，冷库内相对湿度控制在 65%以下，温度控制在 4~10℃。当库外温度在 10℃以上时，从冷库取出的整箱茶叶应在室内放置一段时间，等茶叶温度接近室温才可开箱，否则会使茶叶迅速回潮、加速陈化。名优绿茶出库后，应进行适当的热处理来提高茶叶香气。因为茶叶冷藏后，芳香油凝结，冲泡时香气发不出来。冷库长期使用后需要换气，每年应对冷库清理一次，保持清洁。冷藏法主要用来贮藏绿茶、黄茶，以及乌龙茶中的铁观音、漳平水仙、黄金桂、冻顶乌龙、阿里山乌龙、大禹岭乌龙等发酵程度较轻的茶。

（2）除氧、脱氧贮藏法　氧气是茶叶劣变的重要原因，所以要想方设法消除氧气的影响。除氧法是在包装密闭的容器内加入除氧剂，降低包装内的氧含量，使茶叶处于低氧状态，从而抑制茶叶的氧化。常用的除氧剂主要有两类：一类是无机的活性铁、活性炭类；另一类是有机物，如复合碳水化合物。真空和抽气充氮法在茶叶的贮藏中应用很广。茶叶包装内的空气全部抽出，接近真空状态。对于一些怕挤压要保持形状的茶叶，会在抽真空后充入氮气等惰性气体。这种方法保鲜效果好，但在抽真空的过程中会对茶叶的外形有一定的损坏。这种方法主要用来贮藏绿茶、黄茶，以及乌龙茶中的铁观音、漳平水仙、黄金桂、冻顶乌龙、阿里山乌龙、大禹岭乌龙等发酵程度较轻的茶。

（3）干燥剂法　以前常用的干燥剂有石灰、木炭等，把这些干燥剂放在瓮底，用纸隔开，再放入茶叶。这些方法在今天的茶馆或家庭中都不方便。现在常用的干燥剂有酸性干燥剂、碱性干燥剂和中性干燥剂 3 大类，用于茶叶的干燥剂宜选择碱性干燥剂和中性干燥剂。具体有硅胶干燥剂、纤维干燥剂、氯化钙干燥剂等。硅胶干燥剂是透湿性小袋包装的不同品种的硅胶，主要原料硅胶是一种高微孔结构的含水二氧化硅，无毒、无味、无嗅，化学性质稳定，具强烈的吸湿性能，因而广泛用于仪器、仪表、设备器械、皮革、箱包、鞋类、纺织品、食品、药品等的贮存和运输中，譬如木糖醇中就有使用，而且也是唯一被欧盟认可的干燥剂。纤维干燥剂是由纯天然植物纤维经特殊工艺精制而成。其中尤其是覆膜纤维干燥剂片，方便、实用，不占用空间。它的吸湿能力达到 100% 的自身重量，是普通干燥剂无法比拟的。氯化钙干燥剂主要原料是氯化钙，采用优质碳酸钙和盐酸为原料，经反应合成、过滤、蒸发浓缩、干燥等工艺过程精制而成，为白色多孔块状、粒状或蜂窝状固体，味微苦，无臭，水溶液无色，主要用来贮藏绿茶、黄茶、红茶和乌龙茶。

（4）罐贮法　这适合贮存少量茶叶。罐子不一定是专门的茶叶罐，一些盛装食品的罐子就不错，只要是密封性能较好的就可以，但要注意不能有异味。古人认为“茶宜锡”，密封性较好的锡茶罐是最佳的贮茶器，但价格较贵。玻璃密封罐和白瓷茶叶罐都不能挡住光线，不太适合盛绿茶。盛放普洱茶、黑茶的茶叶罐对密闭性的要求不高。茶叶罐一般要放在阴凉的地方，高温会加速茶叶陈化劣变。

（5）密封保存法　在家庭中，用塑料袋来包装也有一些效果。塑料袋要选用专门的食品袋，不可以有气味。茶叶装入袋中后，可将封口处用蜡烛的小火烫一下，密封效果更好。但大部分情况下，家庭操作很难完全密封，因此不宜放入冰箱，以免茶叶与冰箱中其他食物串味。

普洱茶的贮存与其他茶叶不同，不宜放在密封的环境中，只要放在阴凉通风干燥的环境中就行了。

4. 不同茶品的取用

很多人习惯直接用手去抓茶叶，甚至有些卖茶叶的人也会这么做，这是一个不良习惯。茶叶易吸收各种味道，人的手上有灰尘、汗渍、细菌，这些都会影响茶味的味道，而且也会给人不卫生的感觉。所以，几乎在所有的茶艺形式中，都强调不用手去接触茶叶，取茶叶时用茶则或茶匙。茶则的材料可以是竹、木、铜、牛角等材质的。如果用木茶则，切不可选用有气味的木料。铜茶则在使用过程中易生铜锈，会影响茶的味道。牛角茶则很高档，在一般的场合很少使用。

紧压茶在冲泡前需要先将大块的茶拆散，不同的紧压茶拆散的方式也不一样。普洱七子饼茶要用茶刀或茶针将茶撬开。具体做法是：先将茶饼反面向上放在一个硬质的平台上，用手压茶饼的四边，使茶饼变松，再用茶针从缺口处将茶叶一层层撬开，撬茶时要尽量保持茶叶条形的完整。撬茶的工具选择上，茶针比茶刀更适合细致地处理茶叶。撬好的茶放在一个透气的陶罐中保存。压得很紧且个头很大的千两茶，要先用刀具把外面的竹篾包装劈开，撕去棕叶，剥开紧贴于茶胎的蓼叶，露出茶胎后，再用锯子把茶锯成茶饼，最后茶饼放置在茶盘上，用茶刀或茶针撬取茶叶冲泡。剩下的紧压茶应该还用棉纸包起来，放在通风干燥阴凉处。

3.2.2 名优茶品、特殊茶品销售基本知识

1. 名优茶的销售

名优茶一般是指品质好、历史悠久且有较大市场知名度的名茶，比如西湖龙井、洞庭碧螺春、黄山毛峰、太平猴魁、六安瓜片等。名优茶的消费者看重的是茶叶的名气。因此，对于名优茶的推介，重点要放在该茶品的历史、原产地、传统工艺等方面。

（1）熟悉名优茶的历史　历史是名优茶知名度的一个保证，因此各产茶地都在尽力挖掘本地茶的历史渊源，即使曾经的历史有断层，人们也还是愿意相信这款茶的品质与工艺是有传承的。传说故事不是不能讲，而是在向客人介绍时要分清对象、分清历史与传说。历史可以证明名优茶的真实性，广为流传的传说则说明了这款茶的影响力。

（2）了解名优茶的原产地　原产地决定了茶的原真性。一款茶出名之后，往往会引来大量的仿制者。比如龙井，本来是杭州的一个地名，因为当地的茶叶出名，渐渐就成为这种茶叶生产工艺及树种的名字。仅在杭州西湖茶区就有狮峰、龙井、云栖、虎跑、梅家坞几个重要产地，杭州以外用龙井茶工艺生产的龙井茶更多。因此，对于名优茶产地的介绍是非常重要的。了解原产地不只是知道产地名称这么简单，还要知道茶的具体生长环境，比如太平猴魁的核心产区猴坑的地形像一把圈椅，也没有北风的袭扰，完全符合陆羽所说的阳崖阴林的生长条件。对于原产地的描述，过去是靠语言描述，现在则可以配合图片和视频来向客人介绍。

（3）了解名优茶的工艺特点　传统工艺是历史名茶出名的原因，强调传统工艺强调的是传承，强调的是人们对传统技艺的信任。茶艺师要用生活化的语言来表达工艺流程和品质特点，有条件的可以配上该款茶生产场景的视频。

（4）教会客人冲泡名优茶的方法　名优茶的品质优异，只有正确的冲泡方法才能展现其品质。冲泡绿茶的方法有上投、中投、下投 3 种，冲泡岩茶的方法是闷泡法。其他还有煮

泡法、低温泡法、点茶法等。要选择最适合该茶品的简易方法介绍给客人。茶艺师专业的泡茶手法可以给客人演示，但不一定适合所有客人。

2. 名优茶品介绍——以洞庭碧螺春为例

（1）介绍产地　洞庭碧螺春产在江苏太湖的洞庭东西二山，以洞庭石公、建设和金庭等地为主产区，形、色、香、味俱佳，是绿茶中的精品，我国十大名茶之一。洞庭碧螺春产区是我国著名的茶、果间作区。再加上太湖上水气蒸腾，温度适宜，这样的环境当然会有上好的茶品。

（2）介绍历史由来　流行的说法认为，碧螺春产生于清代，名字是康熙帝所赐。清代王应奎的《柳南随笔》记载，康熙南巡至此，地方官员献上“吓煞人香”茶，皇帝喝了觉得很好，但名字不雅，于是赐名“碧螺春”。

（3）介绍工艺　碧螺春采制技艺高超，采摘有3大特点：一是摘得早，二是采得嫩，三是拣得净。每年春分前后开采，谷雨前后结束，以春分至清明采制的明前茶品质最为名贵。通常采一芽一叶初展，芽长1.6~2厘米，叶形卷如雀舌，称之“雀舌”。炒制500克高级碧螺春需采6.8万~7.4万颗芽头，历史上曾记载500克干茶达到约9万颗芽头，可见茶叶之幼嫩，采摘功夫之深。一般清晨5~9时采，9~15时拣剔，15时至晚上炒制，做到当天采摘当天炒制，不炒隔夜茶。碧螺春以芽嫩、工细著称，外形条索纤细，卷曲成螺，茸毫密披，银绿隐翠。汤色明亮清澈，浓郁甘醇，鲜爽生津，回味绵长，叶底嫩绿显翠，有“一嫩（芽叶）三鲜（色、香、味）”之称。当地茶农对碧螺春描述为：“铜丝条，螺旋形，浑身毛，花香果味，鲜爽生津。”碧螺春是绿茶中与龙井比肩的名茶。

（4）介绍冲泡方法　品饮时，采用洁净透明的玻璃杯，先冲开水后放茶（上投法），或用70~80℃的开水冲泡（下投法）。当碧螺春投入杯中，茶即沉底，瞬间“白云翻滚，雪花飞舞”，清香袭人。茶在杯中，观其形，可欣赏到犹如雪浪喷珠、春染杯底、绿满晶宫的3种奇观。饮其味，头酌色淡、幽香、鲜雅，二酌翠绿、芬芳、味醇，三酌碧清、香郁、回甘。

3. 特殊茶品的销售

特殊茶品是指一些地方特制的茶品，只流行于比较小的区域。有的是特别工艺制作的茶叶，如扬州的魁龙珠，是将魁针与龙井拼配，再用珠兰花窨制而成的一款花茶；有的是地方民俗中的食品，如江苏周庄的阿婆茶、南方地区常见的擂茶、广西的油茶；有的是特别工艺的非茶之茶，如广西桂林的虫屎茶、浙江杭嘉湖地区的青豆茶等。这些地方性的茶品是很多旅游区常见的。与名优茶相比，地方特色茶的名气不大，但是地方文化的一部分，与民俗相关。地方特殊茶的消费有两大类情况，一是旅游者的体验式消费，二是作为地方文化符号的礼品式消费。

体验式消费多与旅行者文化体验联系起来。这一类茶品通常在本地有受众、有口碑，但出了这个地方，基本上无人知道。旅行者们常常是出于好奇才消费的。因此，在推介时，要着重于这款茶的口味特点与地方饮食习惯之间的关系。很多特色茶品当地人认为有特殊的功效。这些在向客人介绍时也需要重点推出。

作为地方文化符号的礼品式消费是把地方特殊茶品当作土特产送给外地的朋友。因为不常见，所以，这样的礼品在市场上有特殊性与唯一性。随着人们消费观念的改变，地方特殊茶品也有可能成为名优茶。明清时期，武夷岩茶还只是地方特殊茶，袁枚这样的美食家在品尝到武夷岩茶时还觉得很新奇。六堡茶、安化茶在几十年前虽然有一定的市场名气，但并不被消费者所接受，也属于地方特殊茶品。如今这些茶品都已跻身名优茶之列。

4. 特殊茶品介绍——以虫屎茶为例

（1）介绍产地　虫屎茶又名“龙珠茶”，是广西桂林和湖南城步县的特产。当地老百姓把野藤、陈年的陈茶和花香树等枝叶置于裸露的竹篮或将茶叶一片片穿起，化香夜蛾在其上织网产卵，成虫后，幼虫咀咬茶叶排出的渣状（珠状）粪便沾挂在网外做保护伪装。珠状的茶渣就是“虫屎茶”，民间称“龙珠茶”，对抑制胃泛酸特别有效。用筛子筛去残渣，取其虫屎，美名“龙珠”。把它放在锅上炒干，再按蜂蜜、茶叶、虫屎以 1∶1∶5 的比例混合后复炒，虫屎茶便炮制而成。提到“虫屎”，许多人会联想到臭和脏，其实不然，它带有高雅的熟香，味浓略显甜，口味醇厚，汤色乌深，别有风味，连饮数杯，绝无腻感。

（2）介绍来历　相传在清代，横岭洞一带爆发了苗民起义，清廷出兵进行镇压。被赶进深山岩洞的老百姓，把山果野菜吃完了，只好采食满身荆棘的灌木苦茶（今叫三叶海棠）枝鲜叶。这种叶子放在口里咀嚼，开始感到又苦又涩，过一会儿便觉得又凉又甜，若再喝点冷水，又感甘美神爽。从此，当地老百姓每年暮春时节，便大量采摘苦茶鲜叶，用箩筐、木桶贮存起来。可是过了几个月，叶子都被一种小虫子吃光了，所剩的只是一些渣滓和虫粪。人们在惋惜之余，试探性地将残渣、虫粪放进水里。顷刻间，发现渣滓颗粒的四周浸泡出一丝丝黄红色的茶汁，香气扑鼻。有人试着一喝，分外舒适可口，于是，消息迅速传开，当地老百姓便有意制作虫茶了。后来官员们知道了，便下令当地百姓大制虫茶，用树皮做成精致漂亮的包装盒，外裱红纸，作为珍品每年向朝廷进贡，所以虫茶又称为“贡茶”。

（3）介绍功效　虫屎茶不但香味好，而且还是健胃的良药。虫屎茶不仅含有茶叶的成分，而且含有茶虫吃了茶叶后所排泄出来的有机物，有一定的保健功效。真正的农家六堡虫屎茶，应是甘甜极够，茶香明显（多为霜降大叶茶香），且爽口耐泡，少许（约 1 克）就可供五六人品尝。当然，虫屎茶好坏取决于茶虫所吃的茶叶质量与时间，正宗的六堡野生虫屎茶而且是陈年的，泡饮起来入口较纯而无异味，饮后满口生津回甘，久久不消。据专家研究，虫屎茶含有十八九种人体必需的氨基酸，相当量的粗蛋白、粗脂肪、糖类、单宁、维生素等营养成分和微量元素。经常饮用虫屎茶，能止渴提神、促消化、利尿、顺气化痰、解毒消肿，对鼻出血、牙龈出血、痔出血、腹泻等病也有一定疗效。

（4）介绍影响 虫屎茶是我国特有的林业资源昆虫产品，是传统的出口特种茶。早在明代，李时珍的《本草纲目》中就有记载，虫屎茶具有清热、去暑、解毒、健胃、助消化等功效，对腹泻、鼻衄、牙龈出血和痔出血均有一定疗效，是热带和亚热带地区的一种重要的清凉饮料。从清代乾隆年间起，虫屎茶就被视为珍品，每年定期向朝廷进贡。

3.2.3 名家茶器和柴烧、手绘茶具源流及特点

茶具按用途，可以分为实用型茶具与收藏型茶具，收藏型茶具多是古董或名家作品，实用型茶具一般不会太贵重，但其中也会有名家作品。

1. 古代名家与茶器

（1）供春 他是明代名臣吴颐山的家僮，紫砂壶的开创者，跟随金沙寺僧人学习制作陶壶，其作品获得很多人的赞誉。现在存世的供春壶是宜兴名人储南强先生于1928年收藏的。解放初期，储南强先生将供春壶捐赠给国家。对这一“供春壶”的真伪一直有争议，储南强的老乡，台湾著名历史学家徐鳌润先生认为供春是吴颐山虚构的人，传说中的供春壶是吴颐山的作品。而所谓“唯一存世”供春壶，实际是清代黄玉麟制作的。这把有争议的壶是一个树瘿的造型，因为是唯一存世作品，供春也就成为这个造型的名称了。

（2）时大彬 是明代最著名的紫砂名家，作品朴素雅致，早期制作大壶，后期制作小壶，颇受肯定。时大彬的父亲时朋是万历时期紫砂四名家之一，另外三位是董翰、赵梁、元畅。传说时大彬曾学习供春的制壶技法，其早期作品，坚致朴雅，好仿供春大壶。自从他游苏州娄东，与陈眉公等人结识后，制壶风格为之一变，制壶由大转小。时大彬壶在当时就享有盛誉，多见于文人记述。明代许次纾《茶疏》中云：“往时供春茶壶，近日时彬所制，大为时人宝惜。”时大彬继供春之后，创制了许多制壶专用工具，也创制了许多壶式，并培养了李仲芳、徐友泉等一批徒弟。时大彬所制紫砂壶，今尚存十六七器，其中五器为近些年考古发掘所获，皆处于明人墓葬。其余均为传世品，壶式多样，有六方壶、三足壶、开光方壶、提梁壶、书扁壶、僧帽壶、印包壶、菱花壶、半瓜水盂等。

（3）李仲芳与徐友泉 二人都是时大彬弟子。李仲芳是紫砂匠人李茂林之子，制作的壶称为老兄壶。徐友泉是当时名士，非专业陶工，其作品曾得时大彬称赞，擅以古青铜器型入壶。

（4）陈鸣远 清康熙、雍正年间人，名远，字鸣远，号石霞山人、壶隐，江苏宜兴上袁村人。他出身于紫砂世家，相传其父是明代著名的紫砂艺人陈子畦。陈鸣远技艺精湛，雕镂兼长，是紫砂史上技艺最为全面而精熟的大师。他既继承了明代紫砂器物造型朴雅大方的风格，又发展了精巧高雅的仿生造型技艺，所制茶具、雅玩达数十种，无不精美绝伦。他开创了于壶体镌刻诗铭之风，创制了在壶盖内用印的方式，这也是鉴别明清前后紫砂茗壶作品的参考依据之一。常用印章有“陈鸣远”方印、“鸣远”方印、“陈”字圆印，“远”字方

印。陈鸣远的技艺与成就，使紫砂陶博得了当时文人学士的高度赞赏。

（5）杨彭年　清代著名紫砂匠人，活跃于清代乾隆、嘉庆、道光时期。他的壶式设计追求文化内涵，多与文人合作题诗作画，嘉庆时陈曼生请其制壶并书，文人壶风大盛，将紫砂壶导入另一境地。世称“彭年壶”“彭年曼生壶”“彭年石瓢壶”。后世追仿者不计其数。印有“杨彭年”“彭年”等。

（6）惠孟臣　生平不详，明末清初继时大彬之后的又一制壶高手，所制之壶大者浑朴，小者精巧，以制作小壶见长，底款“荆溪惠孟臣制”几乎成为驰名商标，后世仿者极多。其作品在民间影响很大，闽粤间称紫砂小壶为孟臣罐。

2. 现代名家与茶器

紫砂七老创造了紫砂工艺的巅峰，对紫砂文化的发展起到了重要作用，下面一一介绍。

（1）吴云根　又名吴芝莱，1892 年生于宜兴和桥，14 岁拜汪春荣（汪生义）为师，1956 年被江苏省人民政府任命为紫砂“技术辅导员”，成为著名的“紫砂七大名艺人”之一，为当今紫砂艺术界培养出了如高海庚、汪寅仙、吕尧臣、葛明仙、何挺初、范洪泉等极有影响力的紫砂艺术大师和名家。吴云根的作品温厚稳重、朴雅润泽。他技艺全面，擅长光器、花货、筋囊器等各类器型的创作，而尤以竹货见长，风貌独具，其代表作竹段提梁壶等为传世经典。而他的光货代表作之一线圆壶，尤见对点、线、面、体的精妙领悟，简约之间尽显雅和之气，是近现代最优秀的紫砂光货经典器型之一。其他还有众多代表作品，光货有线云壶、菱角茶具、传炉壶、觚菱壶、春亭壶、鱼罩壶、龙胆壶等；筋纹器有上合梅、合菱等；花货品种较多，有方竹提梁壶、桃碗壶、柿子壶、大型竹节、上竹段壶、圆竹提梁壶、竹鼓、大型竹节咖啡壶等。

（2）王寅春　13 岁时学习紫砂陶艺，1935 年到上海为古董商龚怀希仿制紫砂古董，开始接触明清的紫砂精品，反复揣摩造型特点，研究制作手法，把握前辈名人造壶的形和神，成功地复制出陈鸣远、徐友泉、陈光明和陈子畦等人的作品。传世力作颇多，有亚明方壶、六方菱花壶、梅花周盘、半菊壶、小梅花壶、六瓣高瓜酒具、铜锤方方、圆条茶具、汉群壶、高流京钟等。他所制的茶壶，造型雍容大方，规矩挺括，光润和洽，口盖准缝严密，令人赞叹不已。他以创新品种占领市场，人称寅春壶。

（3）顾景舟　少年跟随祖母邵氏学艺，旁涉书法、绘画、金石、篆刻、考古等学术。丰富的人文素养加上精湛的制壶技艺，酝酿出其紫砂创作的独特艺术风格。顾景舟的紫砂作品以茗壶为主，偏重光素器型的制作，以几何形壶奠定其个人风格。他与名画家韩美林和中央工艺美术学院张守智教授合作制壶，为紫砂壶的发展注入现代美学概念，开创紫砂茗壶造型的新意境。他的代表作有汉云壶、六方雪华壶、大提壁壶、华颖壶、板桥提梁壶、鹧鸪提梁壶、三足乳鼎壶、牛盖莲子壶、僧帽壶、井栏壶等，其中牛盖莲子壶、鹧鸪提梁壶获国家金质奖，僧帽壶、井栏壶获国家银质奖，并有许多佳作被国内外收藏家和博物馆收藏。僧帽壶是紫砂壶历史上最流行的一种造型，特别是在明清时期，该壶式盛极一时。

（4）蒋蓉　别号林凤，江苏宜兴人，11 岁随父亲蒋鸿泉学艺，1940 年由伯父蒋鸿高带至上海制作仿古紫砂器，曾为虞家花园（如今的华山花园）设计制作花盆。于 1955 年创作出了经典作品荷花壶、牡丹壶等巨作，荷花壶在同年中国工业会议上获得“特等奖”荣誉，成为周恩来总理访问国外的礼品之一。此外还有若干经典作品流传于世，如九件荷花茶具、莲藕茶具、蛤蟆捕虫水盂、白釉上梅茶具、寿桃杯、荷叶盘、蟾蜍莲蓬壶、南瓜壶、松果壶、柿子壶等，无不精美绝伦。1955 年被授予“中国工艺美术大师”称号。

（5）朱可心　原名凯长，后改名可心，寓意“虚心者，可师也”“山中一杯水，可清天地心”之意。宜兴紫砂名艺人，花货巨匠，一代宗师。其作品松鼠葡萄壶、松竹梅三友壶被选入“中国工艺美术巡回展”出国展出，并获一等奖。代表作还有如意壶、云玉壶、万寿壶、圆松竹梅壶等。首创了“一种壶型、多种装饰”的形式，在其代表作可心梨式壶上分别雕有青松、翠松、寒梅、古柏、碧桃等装饰，深受欢迎。

（6）裴石民　原名裴云庆，宜兴蜀山人，早年跟随清末民初制壶好手江祖臣学习紫砂壶艺，艺成后擅制仿古紫砂器，颇负盛名，擅制水丞、杯盘、炉鼎等器，造型典雅别致，具有青铜器敦厚稳重之特点。裴石民仿制陈鸣远形态各异的古壶、古尊、古鼎、古瓶、古盆，或仿瓜果菜蔬，均细腻逼真、惟妙惟肖，技艺精湛，影响也远远超过了师傅江案卿及陈光明等紫砂名手，赢得了“陈鸣远第二”的美誉。传世名作有松段壶、南瓜壶、荷叶壶、五蝠蟠桃壶、三足鼎壶，以及田螺水盂系列、螃蟹荷叶盘、十件果品系列等像生类紫砂文玩作品。

（7）任淦庭　以上 6 位都是制壶专家，唯任淦庭为陶刻专家，紫砂七老之一。擅工楷草隶篆各种书法，尤以篆隶见长。绘画以山水花鸟为主，梅兰竹菊为常见题材。装饰手法大多是兼工带写，设计画面以表现吉祥寓意居多。刀法熟练，诗词图画随意刻画，自成章法。任淦庭原是左撇子，用左手写字作画，习以为常。至“吴德盛”后，开始练习使用右手，经过刻苦训练，竟练成左右手能同时书画雕刻之绝学。特别是在同一器具上作成双成对的飞禽走兽，或是在成对器物上作飞禽动物时，任淦庭能同时用左右手，对称作画，布局舒坦，形象生动，栩栩如生，是紫砂陶刻界独创的绝技之一。

3. 柴烧茶具源流及特点

柴烧是一种古老的烧窑工艺，指利用薪柴为燃料烧成的陶瓷制品，主要分为上釉（底釉）与不上釉（自然釉）两大类，如宋朝天目碗及青瓷釉，都是上釉的，日本的备前烧是不上釉的（取其自然落灰效果）。我国古代烧制陶瓷时都使用柴窑，但在烧制时尽可能避免燃烧的灰落在器上，以使产品的釉色面保持一致，如果落了灰就被认为是瑕疵。因此，大约在南北朝后期，烧制陶瓷时会将器具罩在匣钵里，罩住瓷胎，将木灰与火隔离开，使产品的釉色面貌保持一致。

柴窑烧陶时，完全燃烧的灰烬极轻，随着热气流飘散。当温度高达 1200℃以上时木灰开始熔融，木灰中的铁则使陶坏中的铁形成釉，呈现不同的色彩变化。这种方式形成的釉被称为“自然落灰釉”，自然落灰釉乍看不甚起眼，但很耐看，是柴烧作品的迷人之处。

现代柴烧技法追求的是木灰烬与土的自然结合，烧制作品时不再使用匣钵。木柴燃烧所产生的灰烬和火焰直接窜入窑内，与一般的漂亮釉水不同，窑内的落灰自然依附在坯体之上，在高温烤制下形成光润温泽、层次丰富的自然灰釉；熔化或未熔化的木灰，在其表面形成平滑或粗糙的质感，产生各种颜色的变化，留下了火曾驻足过的痕迹，自然而无粉饰之气，不会重复且很难预期花色。

对柴烧的追捧，源于日本的侘寂美学，烧成的器具多用于茶酒具。因为柴烧出的作品往往平和、自然，可以很好地烘托出宁静平和的雅致氛围，同时色彩低调耐看，不会抢去主体物的风头，所以已经在日本流行了很长时间。可以说，柴烧已然成为日本陶瓷的一大风格。例如，极负盛名的信乐烧、志野烧、备前烧等都是柴烧的门类。

4. 手绘茶具源流及特点

瓷器装饰在元代以前主要是刻镂、剔花，从元代开始，绘画成为瓷器装饰的主流，绘画有手绘与贴花两类。贴花瓷器一般纹饰粗糙，或过于单调均匀，多用于低档瓷器。

1）陶瓷手绘在原始社会就已经有了，有木器上的手绘，有陶器上的手绘，到了秦汉时期，漆器图案也是手绘的。唐代陶瓷业大发展，本土所用的高端茶具单色为主，但出口西亚的瓷器基本绘有图案。如唐代长沙窑的褐绿彩双系罐，两面用褐绿彩点绘相似的斜方形状图案纹饰，斜方纹内用绿彩点绘波浪纹。为衬托出彩料的成色，达到更美的效果，器物胎上涂有一层化妆土，起到了增强胎体的致密度和增加瓷胎白度的作用；同时纹饰采用点、线表现手法，水墨晕散效果的抽象图纹，美观大气。

2）宋、辽、金时期，北方的辽、金一些继承了唐代三彩技法的三彩彩绘茶具。南方的宋朝茶具基本以单色瓷器为主，但吉州窑的白地釉下彩绘瓷丰富了瓷器的内容。吉州窑从南宋开始，在湖南长沙窑釉下彩绘工艺的基础上，融合了磁州窑的一些工艺特点，最终创烧出一种新的釉下彩绘瓷——吉州窑白地釉下彩绘瓷，至元代有了较大的发展。吉州窑的白地釉下彩绘瓷是一种褐色的单色彩绘，这种彩绘通常被人们称之为“铁锈花”。这种“铁锈花”装饰对陶瓷之美起着重要的作用，具有相对独立的欣赏与审美价值。

3）到了元代，景德镇的手绘茶具发展起来，有两类：青花和釉里红。

青花：青花是用钴料在白色胚胎上绘纹饰后罩透明釉，在还原气氛中经高温一次烧出的白地（底）蓝花瓷器。不罩釉烧出来的纹饰是黑色的。元青花瓷器大致可分为两大类：一类多为小件器物，胎体轻薄，不甚精细，多为青白、乳白半透明或影青釉，青花的颜色灰暗迷蒙，纹饰稀疏、奔放，多为日常生活用品，生产数量有限；还有一类青花瓷器，以大件器物为多，其共同特点是大器者胎体厚重，小件轻薄，色白致密，透明釉白中闪青，青花颜色浓艳鲜亮，色浓处有黑褐色斑点，纹饰层次多。

釉里红：用氧化铜在胚胎上绘画纹饰后罩透明釉，在还原气氛中一次高温烧出的白地（底）红花瓷器。釉里红和青花的制作技术、绘画方法和烧制工艺基本相同。元代釉里红瓷与青花瓷一样，具有胎体细密、坚致、洁白，釉色白中闪青，非常光润的特点。纹饰多见缠枝菊、牡丹、莲花、云龙、云凤、云鹤、孔雀、芦雁、人物故事等，边饰多为变体莲瓣、云肩、灵芝云、蕉叶、回纹、弦纹等。器型多为大罐、高足杯、匜（音同“仪”，古代盥洗时用来注水的器具）、玉壶春瓶、塔式罐、谷仓、大盘、碗等。

4）明代手绘彩器除了以前的工艺以外，更出现了斗彩瓷器，一件瓷器上的颜色多达3种，这在手绘瓷器的发展史上是一个跨越。斗彩又称逗彩，是我国传统制瓷工艺的珍品。创烧于明代宣德年间，明成化时期的斗彩最受推崇，是釉下彩（青花）与釉上彩相结合的一种装饰品种。斗彩是预先在高温（1300℃）下烧成的釉下青花瓷器上，用矿物颜料进行二次施彩，填补青花图案留下的空白和涂染青花轮廓线内的空间，然后再次入小窑经过低温（800℃）烧成。斗彩以其绚丽多彩的色调、沉稳老辣的色彩，形成了一种符合明代人审美情趣的装饰风格。成化斗彩又可以分为点彩、覆彩、染彩、填彩等几种。成化斗彩除个别的大碗外，多数造型小巧别致，有盅式杯、鸡缸杯、小把杯等。

5）清代斗彩瓷器的产量要大于明代成化时期，而且画工比明代精细，但也失去了成彩清秀飘逸的风采。康、雍、乾官窑都有一些仿成化斗彩产品，这些仿品大都署本朝年款或不落款，只有少数落成化款。清代，朗世宁（意大利人）等人将西洋画技法带到中国，自康熙时代开始，内务府及养心殿造办处将其大量融入陶瓷工艺，以油画技法为基础的珐琅彩就是这一时期的典型代表。发晶釉面，则以西洋硬笔画技法为基础，以精到细腻的笔法，糅合彩瓷工艺特有的渲染效果，辅以粉彩的写意，呈现出疏密有致、刚柔相济之状。而珐琅所独有的色彩凝练更起到了画龙点睛之效。

3.2.4 家庭茶室用品选配基本要求

1. 根据家庭茶室空间的风格选用茶器

家庭中可单独把一个房间设为茶室，或只占用一小块空间也可打造出休闲惬意的茶空间。

1）书房是读书、学习的场所，本身就具有安静、清新的特点，自古茶和书籍都有密不可分的关系，在书房中设茶室更能体现出饮茶的意境。

2）庭院，如在庭院中种植一些花草，和大自然融为一体，饮茶意境立刻就显现出来了。

3）客厅，可以在客厅的一角辟出一个小空间，布置一些茶具，饮茶的氛围就营造出来了。

家庭茶席设置并没有传统茶艺那么复杂，器具更为简单、实用，且冲泡方法自由，家庭茶室的配置茶具包括：烧水器具，如随手泡、保温壶等；主泡器具，如茶壶、盖碗、茶杯等；品茗器具，如公道杯、品茗杯、闻香杯等；辅助器具，如茶托、茶荷、茶船等。

家庭茶室器具的选择也要考虑整体风格的统一。古色古香的客厅中，最好设置一套仿古陶瓷或富有民族特色、民俗情调的瓷质茶具。如是现代式的客厅，宜摆放带现代色彩的茶具，如高身茶壶、长脚玻璃杯更适宜。

2. 按照茶叶类型选用茶器

1）名优绿茶：透明玻璃杯，应无色、无花、无盖。或用白瓷、青瓷、青花瓷无盖杯。

2）花茶：青瓷、青花瓷等盖碗、盖杯、壶杯具。

3）黄茶：奶白或黄釉瓷及黄橙色壶杯具、盖碗、盖杯。

4）红茶：内挂白釉紫砂、白瓷、红釉瓷、暖色瓷的壶杯具、盖杯、盖碗或咖啡壶具。

5）白茶：白瓷或黄泥炻器壶杯具及内壁有色黑瓷。

6）乌龙茶：紫砂壶杯具，或白瓷壶杯具、盖碗、盖杯。也可用灰褐系列炻器壶杯具。

7）老白茶、黑茶：可以选择煮茶器，如陶器、玻璃煮茶器。

3. 家用茶具选购技巧

家庭茶具，除了满足功能性及实用性，还要根据主人需求选择更合心、合手、合适的器具。备有紫砂、瓷器、玻璃等不同材质的几套茶具，一般来说就够用了。

1）紫砂，通常是指宜兴制作的紫砂壶茶具。其造型古朴、色泽典雅、制作精美、质地细腻柔韧、渗透性好。用紫砂壶泡茶，既不夺茶真香，又无熟汤气，能较长时间保持茶叶的色、香、味，很适合用来泡普洱、闽北乌龙等。紫砂茶具对于茶（尤其是乌龙茶）来说非常具有亲茶性，而且透气性好、吸附力强。用它沏茶，不仅不失茶的色、香、味，更不易霉馊变质，使用较长时间后，以沸水注入空壶亦有茶香。此外，紫砂壶使用越久，壶身色泽越是光亮照人。

选购紫砂茶具要注意几点：一是器型端正，壶嘴、壶口和壶把的高处要在一条水平线上，这样可以保证壶中正好装满水；二是壶身光润，不可以有缺口和明显划手的砂粒；三是茶壶出水要顺畅，这样可以比较精确地控制泡茶的时间。

2）瓷器，我国瓷器茶具可分为白瓷茶具、青瓷茶具和黑瓷茶具等。又可按其产地来命名，如建盏、汝窑、钧窑、景德镇瓷器等。陶瓷茶具通常指瓷土制作的茶具，这种茶具最大的特点就是内外壁都施釉，因此表面光滑，几乎没有气孔，与紫砂茶具形成鲜明的对比，这样的好处在于不会吸收任何茶叶的味道，具有传热较慢、保温适中、保茶原味的特点。

家庭使用，壶的容量不宜太大，壶身也不宜太重。釉色要求水润、色调柔和。瓷器茶具的底部要经过精细打磨，以免刮花桌面。

3）玻璃，主要有两方面优点：一方面与陶瓷茶具相似，不吸收任何茶叶的味道，保证茶汤的原味；另一方面则是其透明的特点，能够清晰看到茶具内的一切，增加美感。玻璃杯泡茶，茶汤的鲜艳色泽、茶叶的细嫩柔软，以及茶叶在整个冲泡过程中的上下浮动、叶片的逐渐舒展等，可以一览无余，是一种动态的艺术欣赏。特别是冲泡各类茗茶，茶具晶莹剔透，杯中轻雾缥缈，澄清碧绿，芽叶朵朵，亭亭玉立，观之赏心悦目，别有风趣，尤其适合冲泡绿茶等茶型美观的茶叶。

选购玻璃茶具首先要注意茶具的大小。泡茶的杯子不宜太大，以免茶汤太多，短时间内喝不完，影响茶汤的滋味。其次，要选择耐冷热的杯子，以免在冬季骤然倒入滚烫的茶汤而烫裂杯子。再次，玻璃的透明度要高，水晶玻璃的光线折射更好些，更能够表现出茶汤的美感。

3.2.5 茶商品调配知识

不同经营场所的销售对象、销售重点、文化风格是有区别的，因此选配茶品的要求也有区别。

1. 根据经营档次来选配茶品

高端茶庄、茶室所用的茶品大多数档次是比较高的，低端茶庄、茶室的茶品档次比较低，中端的位于两者之间。茶品的档次由 3 个方面决定。

（1）进价　价格是品质的重要符号。也有品质较好而价格不贵的茶品。这样的茶品如果放在高端茶室，定价太贵会让人觉得价格虚高，如定价较低又会让顾客对该茶品的品质或对其他茶品的价格产生怀疑。所以这样的茶品如果用在中低档的茶室，则会让人觉得性价比较好。

（2）渠道　一是直接从茶叶生产单位进货，比较有品质保障，也会让顾客对于茶品的原真性有信心。二是从品牌连锁店总部进货，大品牌、著名品牌在顾客心中也是品质的象征。三是批发市场进货，方便企业控制价格，但对于客户来说，品质与价格也就相对透明，档次也不高。

（3）品质　茶的品质是档次的基础。高端、中端茶室对于茶的品质有较高的要求。低端茶室由于顾客对于品茶知识了解较少，品茶要求较低，一般来说茶的品质也相应较低。

每个人对茶口味的偏好不一样，但好茶还是有客观标准的，从茶叶外形看，必须达到整齐划一，茶叶的色泽、大小、长短都要一致。如果长短不一、形状各异，可能是采制时粗制滥造或是零售商掺进低劣的茶叶。有时茶叶中夹有制茶后因挑选不严格而掺杂进去的杂物，如茶果、枝梗、沙粒、石屑等，这些都不是好茶。好茶还具有一股清幽宜人的香气，或淡雅，或浓烈，如果有霉味等异味，则千万不可选购。

2. 根据经营内容来选配茶品

很多茶室、茶庄在经营时主题很明确，所配茶品需要紧紧围绕主题。

（1）以绿茶类为主题　这一类茶室、茶庄所配的主要是绿茶。但是绿茶的季节性比较明显，春夏季绿茶的新鲜度好，气候温度也适合饮用；到了秋冬季，绿茶的新鲜度下降，气候也不适合饮用了，这时绿茶的销量就会下降。这一类店，从口味协调性来说，可以搭配一些黄茶、白茶（如白毫银针、白牡丹），以及细嫩的红茶等，这些茶的口感细腻，比较适合爱饮用绿茶的人的口感。如当地产绿茶，则一定要备上，因为这是本地人的口味爱好。此外，在绿茶选配上，要尽可能选配著名品种与流行品种，比如西湖龙井、洞庭碧螺春、黄山毛峰、太平猴魁、安吉白茶、黄金芽等。

（2）以红茶类为主题　红茶经过发酵，口味香甜醇厚，更适合秋冬季。从销售的角度来说，春天绿茶上市时，也应该选配一些著名绿茶。其他时候，可以选配一些花茶、水果茶，这些可以与红茶搭配冲泡。也可以选配一些老白茶、黄茶。老白茶煮了之后，在风味上与红茶比较相配。另外，可以搭配一些主销红茶品种产地所生产的黑茶或乌龙茶。比如，以滇红为主的店里，可以搭配销售一些普洱茶熟茶、六堡茶；以小种红茶为主的店里，可以搭配销售一些岩茶；湖南的红茶可搭配一些安化的黑茶。这是因为当地的茶品，无论在树种、工艺还是成茶口味上都会有一些相似的风味，更易融合。

（3）以乌龙茶为主题　这类店搭配茶品的方式大致与红茶相似，但也有一些差异。比如闽南乌龙茶更适合与台湾乌龙茶搭配销售；闽北乌龙茶自身的品种就比较多，再加上风味厚重，与其他乌龙茶出现在一个店里很难协调；广东乌龙茶香气浓郁，滋味醇厚，以它为主的茶店里，搭配一些台湾茶或岩茶作为补充也是可以的。

（4）以黑茶为主题　黑茶的风味特点很强烈，其他茶品与之搭配往往会显得没有存在感。而且黑茶的消费者比较专一，很多专注于普洱茶的人不会去尝试其他的黑茶；专注于茯茶、千两茶的人也不会轻易去尝试普洱茶。在风味搭配上，销售普洱茶的店可以搭配一些滇红，一方面因为风味相似；另一方面，在普洱茶熟茶中添加一些滇红以后，冲泡出来的茶汤呛味会减弱，而茶香味会增加，给人以特别的体验。

（5）以白茶为主题　白茶原本是比较小众的茶类，近些年来的市场做得比较好，也出现了很多以白茶为主题的茶室、茶店。白茶的主要茶品是产自福建的白毫银针、白牡丹、贡眉、寿眉等，有散茶，也有压成饼的茶，此外还有产自云南的月光白等。从风味搭配来说，可以配一些较为细嫩的红茶，如金骏眉、苏红等，也可以配一些风味清淡的中、轻火岩茶，如水仙茶。此外，配一些花果茶也很适合白茶的风味。

3. 根据经营场所的贮存条件来选配茶品

绿茶、黄茶、铁观音和大部分清香型的台湾茶在贮存时需要冷藏。如果茶室没有冷藏条件就不太适合选配这类茶品。其他的茶叶对于冷藏的条件要求不高，但贮存时也要注意以下因素。

一是通风要好。大部分茶室不会建在潮湿的地方，但如果不通风的话，室内的空气不流通，气味不佳，会影响到茶叶的风味。

二是不要靠近厨房、卫生间这些有气味的场所，以免气味沾染到茶叶上。有些茶室有饮食服务，还要注意不把食物材料与茶叶放在一个空间。

黑茶要放在通风干燥但没有阳光直射的地方。饼茶、金瓜茶、沱茶、茯砖、千两茶要用木架陈放，必须通风透气，因此，选配黑茶需要有较大的空间来放置。

4. 根据文化风格来选配茶品

（1）都市里的茶艺室　这类地方多以茶艺表演与品茶为主要经营内容。所用茶叶要求风格明显、品质优良。如芽叶形状不好看的绿茶肯定不适合用在这样的场合。大红袍、肉桂这样风味相近的岩茶也不太适合用在同一场茶会上，因为很多客人无法尝出其中的区别。

（2）旅游区的茶艺室　这类地方多通过有民俗意味的茶艺表演来推销本地的茶叶。旅游者买茶叶一般不会花太多钱，所以这些茶室也不需要配太高端的茶品，但还是要有吸引客人的亮点，滋味要醇厚、香气要浓郁，不能有明显的缺点。

（3）招待型的茶室　招待型茶室的服务对象通常不会在茶室坐很长时间，因此，这些地方不需要选配那些耐泡的茶品，要选配一些香气浓郁、一二泡滋味好的茶品。

（4）休闲自助式茶室　这类茶室也有各种类型。棋牌室的客人注意力不在茶上，对茶的要求不高，以中低端的绿茶、花茶为主。书吧的客人以读书休闲为主，心境较平和，对于茶的滋味外形要求稍高，宜选配中档的绿茶、红茶，冲泡方法复杂的乌龙茶、黑茶之类都不适合，以免茶渍污损书籍。茶餐厅的客人以吃饭为主，所配的茶要与食物风味搭配，大概说来，江浙一带的茶餐厅应配绿茶、红茶，西南地区的茶餐厅应配黑茶、红茶、绿茶，闽粤一带的茶餐厅应配乌龙茶、花草茶、普洱茶，北方地区的茶餐厅应配花茶、闽南乌龙、台湾乌龙，西北地区的茶餐厅应配绿茶、花茶、茯砖等。

技能训练1　茶叶与茶点的搭配

1. 材料准备

1）六大茶类各准备两种典型品种：绿茶（龙井、碧螺春），红茶（滇红、祁门红茶），乌龙茶（武夷岩茶、凤凰单丛），黄茶（蒙顶黄芽、平阳黄汤），白茶（白毫银针、白牡丹），黑茶（茯砖茶、安化黑茶）。

2）五类茶点各准备2~3种：干果类、鲜果类、糖果类、中点类、西点类。

3）器具准备：食盒、食碗、食碟、筷子、茶签、纸巾各适量。

2. 训练步骤

1）依次选取一款茶叶。

2）选择该款茶叶适宜搭配的茶点与器具，并完成摆放。

3）填写茶叶与茶点搭配训练表（见表 3-1）。

表 3-1　茶叶与茶点搭配训练表

名　称	茶点种类	茶　点	器　具
龙井			
碧螺春			
滇红			
祁门红茶			
武夷岩茶			
凤凰单从			
蒙顶黄芽			
平阳黄汤			
白毫银针			
白牡丹			
茯砖茶			
安化黑茶			

技能训练 2　不同茶叶如何贮存

1. 材料准备

六大茶类各准备两种典型品种：绿茶（龙井、碧螺春），红茶（滇红、祁门红茶），乌龙茶（武夷岩茶、凤凰单丛），黄茶（蒙顶黄芽、平阳黄汤），白茶（白毫银针、白牡丹），黑茶（茯砖茶、安化黑茶）。

2. 器具准备

1）贮容器：马口铁罐、铝制听、锡瓶、陶罐、白铁桶、透明塑料袋（自封和不自封两种）、牛皮纸袋（自封和不自封两种）、铝箔袋（自封和不自封两种）。

2）使用工具：抽真空机、烘干机、冰箱、布袋、绳子。

3）所需材料：干燥剂（硅胶）、生石灰、木炭、炒米。

3. 训练步骤

1）依次选取一款茶叶。

2）选择该茶叶需要的器具和材料。

3）填写茶叶贮存训练表（见表 3-2）。

表 3-2 茶叶贮存训练表

名 称	贮存容器	使用工具	所需材料	操作流程	理 由
龙井					
碧螺春					
滇红					
祁门红茶					
武夷岩茶					
凤凰单从					
蒙顶黄芽					
平阳黄汤					
白毫银针					
白牡丹					
茯砖茶					
安化黑茶					

复习思考题

1. 简述茶点的种类，以及六大茶类如何搭配适合的茶点。
2. 茶点搭配与季节有什么关系?
3. 简述茶叶的成分及保健作用。
4. 简述我国名茶各自的特点。
5. 了解唐代、宋代、明清时期的名泉。
6. 如何向顾客推介不同价格的茶?
7. 影响茶叶品质变化的内外因素有哪些?
8. 简述茶叶贮存与取用的注意事项。
9. 名优茶销售有何技巧?
10. 写一篇推介洞庭碧螺春的文案。
11. 如何推销特种茶品?
12. 简述古代茶器名家及其作品。
13. 简述现代茶器名家及其作品。
14. 家庭茶室选配茶具的要求有哪些?
15. 茶艺馆如何调配茶商品?

模拟试卷

茶艺师（中级）理论知识试卷

注 意 事 项

1. 本试卷依据2018年颁布的《国家职业技能标准　茶艺师》命制，考试时间90分钟。
2. 请在试卷标封处填写姓名、准考证号和所在单位的名称。
3. 请仔细阅读答题要求，在规定位置填写答案。

	一	二	总分
得　分			

一、单项选择题（每题1分，共计80分）

1. 茶馆接待礼仪的特点是文雅、得体、热情、（　　）。

A. 周到　　B. 便宜　　C. 简单　　D. 排场

2. 迎宾时，茶馆的服务员或茶艺师应在门口等候顾客，如果是预约顾客，茶艺师应（　　）在门口迎宾。

A. 准时　　B. 稍早于预约时间

C. 客到再迎　　D. 等顾客电话

3. 在顾客看茶单时，茶艺师应奉上赠送的（　　），在顾客点单结束后，应尽快奉上所点茶饮及食品。

A. 茶具　　B. 茶叶　　C. 小茶点　　D. 纪念品

4. 在正式冲泡前，茶艺师要用简明的语言介绍冲泡的（　　）及品饮注意事项。

A. 茶艺师情况　　B. 茶具特点　　C. 冲泡方法　　D. 茶品特点

5. 在服务过程中，茶艺师不要主动打听顾客的（　　），也不要留意顾客的私下交谈。

A. 姓名、职业和其他隐私　　B. 口味爱好

C. 消费需求　　D. 茶品爱好

6. 为顾客上茶、点心时，不可以用（　　）接触杯口或是盘碗中的食物。

A. 点心夹　　B. 手　　C. 茶水　　D. 茶具

7. 北方茶馆过去用（　　）的动作向顾客表示欢迎，这个动作在今天的茶艺中也保留了下来。

A. 合掌　　B. 敲桌子　　C. 凤凰三点头　　D. 翻杯

8. 茶艺服务人员在与顾客谈话时要掌握好（　　），带来和谐的交流氛围和良好的语言环境，这也是使用礼貌服务用语的要求之一。

A. 气氛　　B. 情绪　　C. 表情　　D. 音调与节奏

9. 在询问顾客问题时，这些问题必须是答案有唯一性、范围较小、有限制的问题，这称为（　　）。

A. 封闭式询问　　B. 开放式询问　　C. 刺探式询问　　D. 调查式询问

10. 各种茶具都有人喜欢，但从欣赏茶汤颜色及茶叶形态的角度来说，（　　）是最适合绿茶的茶具。

A. 紫砂杯　　B. 玻璃杯　　C. 金属杯　　D. 建盏

11. （　　）一带是花茶的主要消费地区，所饮以茉莉花茶为多。

A. 沈阳、长春　　B. 济南、青岛　　C. 北京、天津　　D. 扬州、泰州

12. 日本茶道场所一般室内要挂画，茶挂以禅色素朴的墨迹为珍贵，要守（　　），点茶有浓淡之分，茶室要清洁并插花，花的品种要与环境匹配。

A. 百丈清规　　B. 禅苑清规　　C. 十二汤品　　D. “四规”“七则”

13. 摩洛哥人特别喜欢中国的高档绿茶，在壶里放一把茶叶、一大块白糖、一撮薄荷叶，注入沸水煮几分钟就做成了（　　）。

A. 摩洛哥薄荷茶　　B. 摩洛哥绿茶　　C. 摩洛哥甜茶　　D. 摩洛哥煎茶

14. 汉族人饮茶以（　　）为主，南方的绿茶、北方的花茶、福建的乌龙茶、西南的普洱茶都是如此。

A. 调饮　　B. 清饮　　C. 浊饮　　D. 单饮

15. 老人的茶及食物也以清淡为宜，不宜推荐奶茶、果茶、甜点及其他（　　）的食物。

A. 偏硬　　B. 清淡　　C. 油腻　　D. 偏软

16. 表演区用来进行琴筝、说书、茶艺等表演，表演者可以是茶室的工作人员，也可以是顾客，这部分是茶室的（　　）空间。

A. 商品展示　B. 工作　C. 快乐　D. 才艺展示

17. 空间布局不但要满足饮茶者的基本需求，还要创造条件满足其（　）。

A. 精神需求　B. 情感需求　C. 消费需求　D. 炫富需求

18. 茶具是茶馆中最常见的器物，在摆放时有两种类型：一是陈列型，二是（　）。

A. 摆放型　B. 收纳型　C. 消费型　D. 装饰型

19. 把一场茶事中所用的茶具按实际使用情况组合在一起设计成一个场景，这样的陈列其实就是一个个（　）设计图。

A. 茶空间　B. 茶艺　C. 茶席　D. 茶具

20. 主题类装饰品与茶空间的（　）有关，通常安放在醒目的位置，顾客一进门就能看见，点明了茶空间的风格或文化类型。

A. 风格设计　B. 文化设计　C. 价格设计　D. 主题设计

21. 茶空间的装饰品分为 4 类，有祈福型装饰品、主题类装饰品、趣味型装饰品和（　）。

A. 空间型装饰品　B. 时间型装饰品　C. 标价型装饰品　D. 招呼型装饰品

22. 青色茶具的颜色有影青、梅子青、天青、粉青等，适宜搭配（　）。

A. 白茶　B. 绿茶　C. 红茶　D. 黄茶

23. 在点茶中，（　）茶具的使用更有助于观赏茶汤上的白色泡沫。

A. 白色　B. 黄色　C. 青黑色　D. 青色

24. 冲泡乌龙茶或黑茶不宜选用的茶具是（　）。

A. 瓷壶　B. 紫砂壶　C. 陶瓷盖碗　D. 玻璃茶具

25. 茶具价格高的低的都有人喜欢，放在一起陈列，明码标价，让顾客一目了然，根据自己的经济能力与喜好来选购。这是茶具陈列的（　）。

A. 价格高低同列原则　B. 安全原则

C. 品种多样原则　D. 重点推荐原则

26. 高级西湖龙井外形扁平、光滑，挺秀尖削，长短大小均匀整齐，芽锋显露，以（　）为佳。

A. 色翠、香郁、味醇、形美　B. 色黄、香甜、味醇、形美

C. 色白、香郁、味爽、形美　D. 色绿、香甜、味醇、形美

27. 洞庭碧螺春产于江苏省苏州市太湖洞庭山，创制于明朝，因（　）而得名，又因香气奇异而得名“吓煞人香”。

A. 碧螺姑娘　B. 产于碧螺峰　C. 康熙赐名　D. 乾隆赐名

28. 绿杨春茶形如新柳叶，翠绿秀气；内质香气高雅，汤色清明，滋味鲜醇；叶底嫩匀。产于（　）周边丘陵地带，为新创名茶。

A. 河南信阳　B. 浙江杭州　C. 江苏扬州　D. 四川雅安

29. 君山银针产于湖南岳阳洞庭湖中的（　　），芽形如针，因此得名。

A. 太姥山　　B. 老君山　　C. 东山　　D. 君山

30. 白毫银针选用福鼎大白毫、政和大白茶的春季茶树嫩芽制作而成，其初制工艺流程分萎凋与（　　）两道工序。

A. 干燥　　B. 炒青　　C. 蒸青　　D. 烘青

31. 月光白多以景谷大白茶为原料，采用白茶的制作工艺制作而成，形状奇异，叶片一面白、（　　）。

A. 一面红　　B. 一面黑　　C. 一面青　　D. 一面黄

32. 武夷肉桂由于香气滋味似（　　），所以在习惯上称"肉桂"，为无性系品种，茶树为大灌木型。

A. 桂圆香　　B. 桂花香　　C. 桂皮香　　D. 兰花香

33. 漳平水仙又名"纸包茶"，系（　　）。

A. 绿茶紧压茶　　B. 黄茶紧压茶　　C. 黑茶紧压茶　　D. 乌龙茶紧压茶

34. 每种茶叶都有自己独特的风味特点，"松烟味、桂圆汤"说的是（　　）。

A. 正山小种　　B. 祁红工夫　　C. 平阳黄汤　　D. 老寿眉

35. 滇红包括滇红工夫茶和滇红碎茶，采用云南（　　）鲜叶制成。

A. 鸠坑种　　B. 大叶种茶树　　C. 龙井 43　　D. 薮北种

36. 茶叶中的多酚类、糖类、蛋白质、酯类、果胶等成分都有（　　），而茶叶表面疏松，很容易吸收空气中的水分。

A. 吐水性　　B. 保水性　　C. 亲水性　　D. 疏水性

37. 绿茶保质理想的水分含量为（　　），超过这个含量茶叶的新鲜度将会迅速下降，大于 12%时茶叶还会发生霉变。

A. 6%~9%　　B. 9%~12%　　C. 1%~3%　　D. 3%~6%

38. 茶多酚本身是没有颜色的，但在制作工艺中被氧化、聚合，最后形成了茶黄素与茶红素，继续氧化最终形成（　　）。

A. 茶褐素　　B. 茶黑素　　C. 黄曲霉　　D. 黑曲霉

39. 茶叶的感官审评项目可分为八个因子，其中干茶分（　　）四个因子。

A. 形状、色泽、整碎、净度　　B. 香气、滋味、汤色、叶底

C. 形状、汤色、整碎、净度　　D. 叶底、色泽、滋味、净度

40. 茶叶的整碎与加工及贮存方法有关，如（　　）是有意切碎的，岩茶在反复焙火的过程中也会有很多破碎。

A. 老寿眉　　B. 红碎茶　　C. 六安瓜片　　D. 茉莉香片

41. 绿茶的茶汤颜色以绿色为主、黄色为辅，如浅绿、嫩绿都是非常好的汤色，如果汤色发黄甚至发红，则是（　　）或是加工工艺出现问题导致。

A. 染色　　B. 烟熏　　C. 贮存不当　　D. 发酵

42. 红茶的香气一般为甜香，要求清鲜高爽，如带（　　）则是萎凋和发酵不足所致。

A. 火气　　B. 烟气　　C. 腥气　　D. 青气

43. 黑茶的陈香不应有霉气味，菌花香是（　　）的金花所发出的特殊香气；松烟香为湖南黑毛茶和六堡茶等茶的传统香气特征。

A. 茯砖茶　　B. 湖北老青茶　　C. 普洱茶熟茶　　D. 米砖

44. 红茶按制作工艺可分为小种红茶、（　　）和工夫红茶 3 大类。

A. 红条茶　　B. 红碎茶　　C. 大种红茶　　D. 群体种红茶

45. 工夫红茶根据茶树品种和产品要求的不同，分为（　　）和中小叶种工夫红茶两种产品。

A. 长叶种工夫红茶　　B. 老丛工夫红茶

C. 大叶种工夫红茶　　D. 群体种工夫红茶

46. 彩瓷的使用以釉下彩与釉中彩为宜，（　　）更美观，但因彩料有毒性，所以不宜用作饮食器。

A. 唐三彩　　B. 青花瓷　　C. 单色釉　　D. 釉上彩

47. 明代人认为白瓷优于青花，是因为青花茶碗（　　）。

A. 影响观赏茶汤与茶叶　　B. 质量差

C. 太廉价　　D. 太普通

48. 唐宋瓷器生产发达，有很多著名的窑场。宋代五大名窑是（　　）。

A. 越窑、邢窑、长沙窑、鼎州窑、岳州窑

B. 汝窑、官窑、哥窑、钧窑、定窑

C. 汝窑、湖田窑、哥窑、钧窑、耀州窑

D. 汝窑、景德镇窑、哥窑、钧窑、定窑

49. 茶艺冲泡台应根据茶艺馆的经营需要进行布置，具体有 3 种类型：表演型、服务型和（　　）。

A. 展示型　　B. 销售型　　C. 自助型　　D. 生活型

50. 根据茶性及茶叶产地选择茶具，冲泡花茶、八宝茶宜选用（　　），更能体现出花茶的鲜灵。

A. 保温杯　　B. 琉璃杯　　C. 紫砂壶　　D. 盖碗

51. 服务型茶台是茶艺师直接为顾客提供泡茶服务的平台，顾客就坐在（　　）。

A. 茶台周围　　B. 观赏席上　　C. 隔壁茶室　　D. 看台上

52. 茶艺演示的目的是为顾客（　　），在此基础上展现茶艺馆的文化与风采。

A. 展示茶艺师的美　B. 泡一杯好茶　　C. 展示茶艺的美　　D. 展示茶具的美

53. 泡茶 3 要素是：（　　）、冲泡的水温、冲泡的时间。

A. 茶艺手势　　B. 泡茶手法　　C. 茶水比例　　D. 茶具搭配

54. 名优绿茶一般以（　　）的水冲泡为宜，这样泡出的茶汤嫩绿明亮，滋味鲜爽，维生素 C 破坏较少。

A. 95~100℃　　B. 70~80℃　　C. 40~65℃　　D. 80~85℃

55. 白牡丹冲泡时水温不可过低，否则茶味难出，但水温若太高又会伤及茶芽，最好控制在（　　）。

A. 90~95℃　　B. 85~90℃　　C. 80~85℃　　D. 70~80℃

56. 茶叶冲泡后最先浸提出来的是维生素、氨基酸和茶碱，到（　　）时，上述物质已有较高的含量，这时品饮茶汤有鲜爽、刺激的感觉。

A. 1 分钟　　B. 0.5 分钟　　C. 2~3 分钟　　D. 10 分钟

57. 在铁观音的冲泡流程中，叶嘉酬宾是用茶则向宾客展示茶叶的赏茶环节，名称中的“叶嘉”是（　　）对茶叶的拟人名称。

A. 陆羽　　B. 蔡襄　　C. 苏东坡　　D. 张岱

58. 冲泡花茶一般要用盖碗，也叫盖杯。茶杯的盖代表天，杯托代表地，中间的杯代表人，因此这样的盖杯也叫（　　）。

A. 天道杯　　B. 三节杯　　C. 天地人杯　　D. 三才杯

59. 明代（　　）在《梅花草堂笔谈》中说：“茶性必发于水。八分之茶，遇十分之水，茶亦十分矣；八分之水，试十分之茶，茶只八分耳。”

A. 张大复　　B. 许次纾　　C. 熊明遇　　D. 朱权

60. 泡茶用水首先应是符合生活饮用水卫生标准（GB 5749—2006）的水质，除此以外，还要考虑水质与（　　）的协调。

A. 茶具　　B. 茶性　　C. 茶气　　D. 茶艺

61. 制作奶茶的茶品要求滋味浓强鲜，特点明显，所使用的牛奶以（　　）的奶香味更浓郁，新鲜牛奶特有的青草香加之如丝般的口感，让奶茶更有活力。

A. 全脂奶粉　　B. 脱脂奶粉　　C. 低温杀菌牛奶　　D. 巴氏杀菌牛奶

62. 企业为实现生产经营目的而举办的各类有关资源、知识、信息交易等中小型会议活动中提供短时休息的专属接待称为（　　）。

A. 企业茶会　　B. 信息茶会　　C. 会议茶会　　D. 商务茶歇

63. 历史上用来配茶的菜品有荤有素，但总的来说（　　）。

A. 以素为主　　B. 以荤为主　　C. 半荤半素　　D. 没有规律

64. 绿茶搭配茶点优先选择本地区的茶点，如扬州的（　　），就比较适合搭配当地的包子、蒸饺等口感稍油腻的茶点。

A. 金尖　　B. 拼配花茶魁龙珠　C. 宜红　　D. 贡眉

65. 从（　　）的风味上来说，比较适合搭配酸甜味、果香味和奶香味的茶点。

A. 黄茶　　B. 茯砖　　C. 红茶　　D. 绿茶

66.（　　）有菌花香，口感醇厚，舌上有微麻的感觉，搭配茶点可以稍偏油偏咸一些，甜味也很适合，比如叶儿粑、乳扇、烧烤的肉串、熏肉类制品等。

A. 黄茶　　B. 绿茶　　C. 红茶　　D. 茯砖茶

67. 茶多酚在绿茶中的含量占了茶叶化学成分总量的（　　）。

A. 25%　　B. 20%　　C. 15%　　D. 55%

68. 人在空腹时血糖较低，如果此时饮茶，特别是饮浓茶，会出现（　　）的情况。

A. 饥饿　　B. 茶醉　　C. 提神　　D. 安神

69.（　　）也叫中泠泉、中零泉、中泠水、南零水，据《煎茶水记》载，被刘伯刍评为第一泉，被陆羽评为第七泉。

A. 庐山康王谷水帘水　　B. 北京玉泉山水

C. 扬子江南零水　　D. 济南趵突泉水

70. 很多名茶都会把产地的名称标进去，如西湖龙井、大吉岭红茶等，这样的命名方法本就说明了（　　）的重要性。

A. 文化　　B. 品种　　C. 工艺　　D. 产地

71.（　　）被称为茶叶中的“软黄金”。

A. 茶红素　　B. 茶黄素　　C. 叶绿素　　D. 茶多酚

72.（　　）是构成茶叶滋味与汤色的主要物质。

A. 茶多酚　　B. 咖啡因　　C.　类脂物质　　D. 氨基酸

73. 普洱茶生茶在合适的贮存环境下经过一段时间的缓慢氧化，会发生一系列变化，（　　）这一说法是错误的。

A. 外形色泽由棕褐转化为墨绿　　B. 香气由清纯转为陈香

C. 滋味由浓厚回甘转化为醇甘滑爽　　D. 汤色由绿黄清亮转化为橙红明亮

74. 不能长期存放的茶叶是（　　）。

A. 普洱生茶　　B. 六堡茶　　C. 茯砖茶　　D. 安吉白茶

75. 陶器茶具的造型大致可以归纳为仿生型、几何型、艺术型 、（　　）4 大类。

A. 仿古型　　B 抽象型　　C. 现代型　　D. 特种型

76. 白茶可以久存，但白毫银针和（　　）还是新茶较好。

A. 白牡丹　　B. 贡眉　　C. 寿眉　　D. 月光白

77. 世界三大高香红茶分别是（　　）、印度大吉岭红茶、斯里兰卡乌瓦红茶。

A. 祁门红茶　　B. 正山小种　　C. 金骏眉　　D. 宜红

78. 六堡茶的香气醇沉似（　　）。

A. 槟榔香　　B. 桂圆香　　C. 桂花香　　D. 水果香

79. 古人总结一年四季食物口味特点的规律，春多酸、夏多苦、秋多辛、（　　），季节茶点的搭配也遵循这个原则。

A. 冬多咸，调以滑甘　　B. 冬多辣，调以滑甘

C. 冬多油，调以滑甘　　D. 冬多甜，调以滑甘

80.（　　）被称为香槟红茶。

A. 祁门红茶　　B. 乌瓦红茶　　C. 大吉岭红茶　　D. 英德红茶

二、判断题（每题 1 分，共计 20 分）

81. 西湖龙井的原产地是杭州西湖周围的茶场，包括龙井、狮峰、云栖、虎跑、梅家坞 5 个茶场。（　　）

82. 茶叶的化学成分非常多，对风味品质产生影响的有叶绿素、茶多酚、维生素、氨基酸、类脂类物质和胡萝卜素及香气成分等。（　　）

83. 大吉岭红茶中的上品带有桂圆香。（　　）

84. 导致茶叶变质的主要因素依次是水分、无机盐、氧气、光线 4 个方面。（　　）

85. 不同茶叶种类品质变化的影响因素虽不尽相同，但贮存方法归纳起来有避光、低温、密封、防潮、防串味 5 个方面。（　　）

86. 红茶总的来说风味以香甜为主。（　　）

87. 明代紫砂壶开始流行，名家辈出，有供春、时大彬、陈鸣远等紫砂名匠。（　　）

88. 斗彩瓷器出现在清代。（　　）

89. 平阳黄汤具有“干茶显黄、汤色杏黄、叶底嫩黄”的三黄特征。（　　）

90. 茶品的档次由 3 个方面决定，分别是：进价、渠道、品质。（　　）

91. 从使用的角度，紫砂茶具适合于所有茶叶。（　　）

92. 新茶与陈茶是依据严格的贮存时间来区分的。（　　）

93. 瓷器是以长石、高岭土、石英为原料，经 1800℃左右高温烧制而成的。（　　）

94. 紫砂土也叫五色土，只产于宜兴，其他地方没有。（　　）

95. 潮州工夫茶的茶台是干泡法茶台。（　　）

96. 现代茶艺中，泉水仍是泡茶的首选，所有泉水都是最佳的泡茶用水。（　　）

97. 会议茶水服务中茶水的温度以 90℃为宜。（　　）

98. 家庭茶艺并没有传统茶艺那么复杂，往往道具更为简单、实用，且冲泡方法自由。（　　）

99. 搭配茶食的原则可概括成一个小口诀：“甜配绿、酸配红、瓜子配乌龙。”（　　）

100. 我国瓷器茶具按颜色可分为白瓷茶具、青瓷茶具和黑瓷茶具等。（　　）

答案部分

一、单项选择题答案

1~5	A	B	C	D	A	6~10	B	C	D	A	B
11~15	C	D	A	B	C	16~20	D	A	B	C	D
21~25	A	B	C	D	A	26~30	A	B	C	D	A
31~35	B	C	D	A	B	36~40	C	D	A	A	B
41~45	C	D	A	B	C	46~50	D	A	B	C	D
51~55	A	B	C	D	A	56~60	B	C	D	A	B
61~65	C	D	A	B	C	66~70	D	A	B	C	D
71~75	B	A	A	D	D	76~80	A	A	A	A	C

二、判断题答案

81~85	√	√	×	×	√	86~90	√	×	×	√	√
91~95	√	×	×	×	×	96~100	×	×	√	√	√

参考文献

［1］人力资源和社会保障部教材办公室．职业道德［M］．4 版．北京：中国劳动社会保障出版社，2020.

［2］陈宗懋．中国茶经［M］．上海：上海文化出版社，1992.

［3］陈宗懋．中国茶叶大辞典［M］．北京：中国轻工业出版社，2012.

［4］陈彬藩．中国茶文化经典［M］．北京：光明日报出版社，1999.

［5］吴觉农．茶经述评［M］．北京：中国农业出版社，2005.

［6］关剑平．茶与中国文化［M］．北京：人民出版社，2001.

［7］关剑平．文化传播视野下的茶文化研究［M］．北京：中国农业出版社，2009.

［8］陈文华．茶文化概论［M］．北京：中央广播电视大学出版社，2013.

［9］陈文华．中国茶文化学［M］．北京：中国农业出版社，2006.

［10］王梦石，叶庆．中国茶文化教程［M］．北京：高等教育出版社，2012.

［11］刘勤晋．茶文化学［M］．3 版．北京：中国农业出版社，2014.

［12］陈椽．茶叶通史［M］．北京：中国农业出版社，2008.

［13］夏涛．中华茶史［M］．合肥：安徽教育出版社，2008.

［14］蔡荣章．现代茶道思想［M］．北京：中华书局，2015.

［15］田真．一杯茶中的信仰［M］．北京：宗教文化出版社，2013.

［16］朱海燕．中国茶美学研究［M］．北京：光明日报出版社，2009.

［17］桑田忠亲．茶道六百年［M］．李炜，译．北京：北京十月文艺出版社，2016.

［18］滕军．日本茶道文化概论［M］．北京：东方出版社，1992.

［19］滕军．中日茶文化交流史［M］．北京：人民出版社，2004.

［20］滕军．从茶至茶道的历程：茶文化思想背景之研究［M］．东京：日本市井社，1998.

［21］林瑞萱．中日韩英四国茶道［M］．北京：中华书局，2008.

［22］莫克塞姆．茶：嗜好、开拓与帝国［M］．毕小青，译．北京：生活·读书·新知三联书店，2015.

［23］罗斯．植物猎人的茶盗之旅：改变中英帝国财富版图的茶叶贸易史［M］．吕奕欣，译．台北：麦田出版社，2014.

［24］周爱东．茶艺赏析［M］．北京：中国纺织出版社，2019.

［25］艾梅霞．茶叶之路［M］．范蓓蕾，郭玮，等译．北京：中信出版社，2007.

［26］杨亚军．评茶员培训教材［M］．北京：金盾出版社，2019.

［27］江用文．中国茶产品加工［M］．上海：上海科学技术出版社，2011.

［28］施海根．中国名茶图谱［M］．上海：上海文化出版社，2000.

[29] 施兆鹏，刘仲华. 湖南十大名茶［M］. 北京：中国农业出版社，2007.
[30] 张琳洁. 茗鉴清谈：茶叶审评与品鉴［M］. 杭州：浙江大学出版社，2017.
[31] 陈宗懋，俞永明，梁国彪，等. 品茶图鉴［M］. 南京：译林出版社，2012.
[32] 黄柏梓. 中国凤凰茶［M］. 增订本. 香港：华夏文艺出版社，2016.
[33] 潘玉华. 茶叶加工与审评技术［M］. 厦门：厦门大学出版社，2011.
[34] 胡小军. 茶具［M］. 杭州：浙江大学出版社，2003.
[35] 周高起，董其昌. 阳羡茗壶系・骨董十三说［M］. 北京：中华书局，2012.
[36] 屠幼英，胡振长. 茶与养生［M］. 杭州：浙江大学出版社，2017.
[37] 杨晓萍. 茶叶营养与功能［M］. 北京：中国轻工业出版社，2017.
[38] 顾谦，陆锦时，叶宝存. 茶叶化学［M］. 合肥：中国科学技术大学出版社，2002.
[39] 谷维恒，潘笑竹. 茶马古道［M］. 北京：中国旅游出版社，2004.
[40] 尹祎，刘仲华. 茶叶标准与法规［M］. 北京：中国轻工业出版社，2021.
[41] 周爱东. 唐代煮茶容器的名称、形制与功用考［J］. 美食研究，2019，36（2）：13-17.
[42] 周爱东. 茶与食物的搭配［J］. 扬州大学烹饪学报，2007（3）：11-16.

技能培训教材目录

依据《国家职业技能标准》和行业标准，按初级、中级、高级、技师（含高级技师）分册编写，以技能培训为主线，理论与技能有机结合，附试题库和答案，配有多媒体资源。满足企业员工培训、技工院校教学、技能等级认定机构短训等课程需求，也适合个人上岗就业、职业技能提升等自学使用。

机械识图
机械制图
金属材料及热处理知识
公差配合与测量
机械基础（初级、中级、高级）
液气压传动
机床夹具设计与制造
测量与机械零件测绘
钳工常识
电工常识
电工识图
电工基础
电子技术基础
变压器基础知识
技师论文的撰写、答辩与点评（指导、机械类、电类）
全国工业机器人技术应用技能大赛备赛指导
工业机器人基础知识
工业机器人装调维修工（中级、高级、技师、高级技师）
工业机器人操作调整工（中级、高级、技师、高级技师）
热处理工（初级、中级、高级、技师、高级技师）
车工（初级、中级、高级、技师、高级技师）
铣工（初级、中级、高级、技师、高级技师）
磨工（初级、中级、高级、技师、高级技师）
钳工（初级、中级、高级、技师、高级技师）
钳工技能大赛试题解读
机修钳工（初级、中级、高级、技师、高级技师）
锻造工（初级、中级、高级、技师、高级技师）
模具工（中级、高级、技师、高级技师）
数控车工（中级、高级、技师、高级技师）
数控铣工 / 加工中心操作工（中级、高级、技师、高级技师）
铸造工（初级、中级、高级、技师、高级技师）
焊工（初级、中级、高级、技师、高级技师）
电切削工（初级、中级、高级、技师、高级技师）
涂装工（初级、中级、高级、技师、高级技师）
锅炉操作工（初级、中级、高级、技师、高级技师）
数控机床维修工（中级、高级、技师）
汽车驾驶员（初级、中级、高级、技师）
汽车维修工（初级、中级、高级、技师、高级技师）
制冷工（中级、高级）
电气设备安装工（初级、中级、高级、技师、高级技师）
电工（初级、中级、高级、技师、高级技师）
绕组制造工（基础知识、初级、中级、高级、技师、高级技师）
干式变压器装配工（初级、中级、高级）
无损检测员（基础知识、超声波探伤、射线探伤、磁粉探伤）
化学检验工（初级、中级、高级、技师、高级技师）
食品检验工（初级、中级、高级、技师、高级技师）
燃气具安装维修工（初级、中级）
物业管理员（管理基础、管理员、助理管理师、管理师）
物流师（助理物流师、物流师、高级物流师）
起重司索指挥作业
起重机司机
金属焊接与切割作业
电工作业
压力容器操作
锅炉司炉作业
电梯作业
制冷与空调作业
登高作业
金属热处理工
机床装调维修工
电梯安装维修工
汽车装调工
起重装卸机械操作工
工业机器人系统操作员
工业机器人系统运维员
无人机驾驶员
电子竞技员
电子竞技运营师
茶艺师（基础知识、初级、中级、高级、技师、高级技师）
中式面点师（初级、中级、高级、技师、高级技师）
中式烹调师（初级、中级、高级、技师、高级技师）
西式面点师（初级、中级、高级、技师、高级技师）
西式烹调师（初级、中级、高级、技师、高级技师）
养老护理员（初级、中级、高级、技师、高级技师）
家政服务员（基础知识、初级、中级、高级、技师）
保育员（初级、中级、高级）
育婴员（初级、中级、高级）
美发师（初级、中级、高级、技师、高级技师）
美容师（初级、中级、高级、技师、高级技师）
咖啡师（初级、中级、高级）
农产品食品检验员

弘扬工匠精神

打造技能强国

国家职业技能等级认定培训教材● 茶艺师系列

- 茶艺师（基础知识）
- 茶艺师（初级）
- 茶艺师（中级）
- 茶艺师（高级）
- 茶艺师（技师、高级技师）
- 茶艺师试题库（初级、中级、高级、技师、高级技师）

轻轻一刮，乐享好资源！

使用说明：
1.关注微信公众号“天工讲堂”。
2.在“我的”→“使用”进行兑换。
3.进入微信小程序“天工讲堂”。
4.在“我的”中登录后，可在“学习”中看到兑换的课程或资源。

天工讲堂微信公众号

机工教育微信服务号

上架建议：培训教材/茶艺

ISBN 978-7-111-69380-2
9 787111 693802 >
定价：49.80元